乡村自建
小别墅设计

锦唐艺术　编著

中国·北京
金城出版社
GOLD WALL PRESS

扫码下载附赠文件

图书在版编目（CIP）数据

乡村自建小别墅设计 / 锦唐艺术编著. — 北京 ：金城出版社有限公司，2025.3

ISBN 978-7-5155-2419-1

Ⅰ. ①乡… Ⅱ. ①锦… Ⅲ. ①农村住宅－建筑设计 Ⅳ. ① TU241.4

中国版本图书馆 CIP 数据核字（2022）第 242323 号

乡 村 自 建 小 别 墅 设 计
XIANGCUN ZIJIAN XIAOBIESHU SHEJI

作　　者　锦唐艺术
责任编辑　张纯宏
责任校对　郝俊伟
责任印制　王培培
开　　本　889 毫米 ×1194 毫米　1/16
印　　张　13.5
字　　数　206 千字
版　　次　2025 年 3 月第 1 版
印　　次　2025 年 3 月第 1 次印刷
印　　刷　小森印刷（北京）有限公司
书　　号　ISBN 978-7-5155-2419-1
定　　价　88.00 元

出版发行　金城出版社有限公司　北京市朝阳区利泽东二路 3 号　100102
发 行 部　（010）84254364
编 辑 部　（010）84250838
总 编 室　（010）64228516
网　　址　http://www.jccb.com.cn
电子邮箱　jinchengchuban@163.com
法律顾问　北京植德律师事务所　（电话）18911105819

前 言

如今，居住环境的改善，不仅体现在城市中的高楼大厦，一部分有条件的业主更倾向于在乡村建造一处属于自己的别院，不仅可以拥有更加充裕的居住空间，也可以将自己和家人对美好生活的向往体现得淋漓尽致。选择自建小别墅的业主对小别墅的外观关注度较高。风格多样、精致洋气的小别墅成为吸引目光的焦点，也是体现业主鲜明个性的载体。

《乡村自建小别墅设计》一书整理了中式、欧式、现代三种建筑风格的 100 套自建小别墅案例，将这些小别墅美丽的外观和内在向读者一一呈现。希望通过这些案例达成业主追求精致乡村生活的愿望。这些精美的别墅案例同时配有户型平面图，以及立面图，为读者提供别墅设计灵感。同时，每个案例均配有文字解析，着重分析不同别墅的设计亮点，以及适用的家庭类型，令读者在参照时可以快速找到设计关键。在目录上，将每套别墅案例的关键信息呈现出来，如开间、进深、建筑面积等，使读者通过目录就可以快速找到与自身需求相契合的案例，实现速查速用的目的。另外，扫描书中案例附赠的二维码均可下载彩色平面图 + 建筑施工图纸，令施工人员照着图纸就能做，方便快捷，实用性较高。

本书不仅对于施工人员和设计师来说具有一定的指导和参考价值，同时为有自主建造小别墅需求的业主提供了大量的案例参考。本书编写的初心是希望通过这些别墅案例的展示，为追求美好生活的业主提供一些建造灵感，为从事居住空间营造工作的设计师提供一些工作上的帮助。期待每一个阅读本书的读者都能在其中找到自己心中的“乡村美墅”。

目　录
CONTENTS

第一章　中式别墅设计

第二章　欧式别墅设计

第三章　现代别墅设计

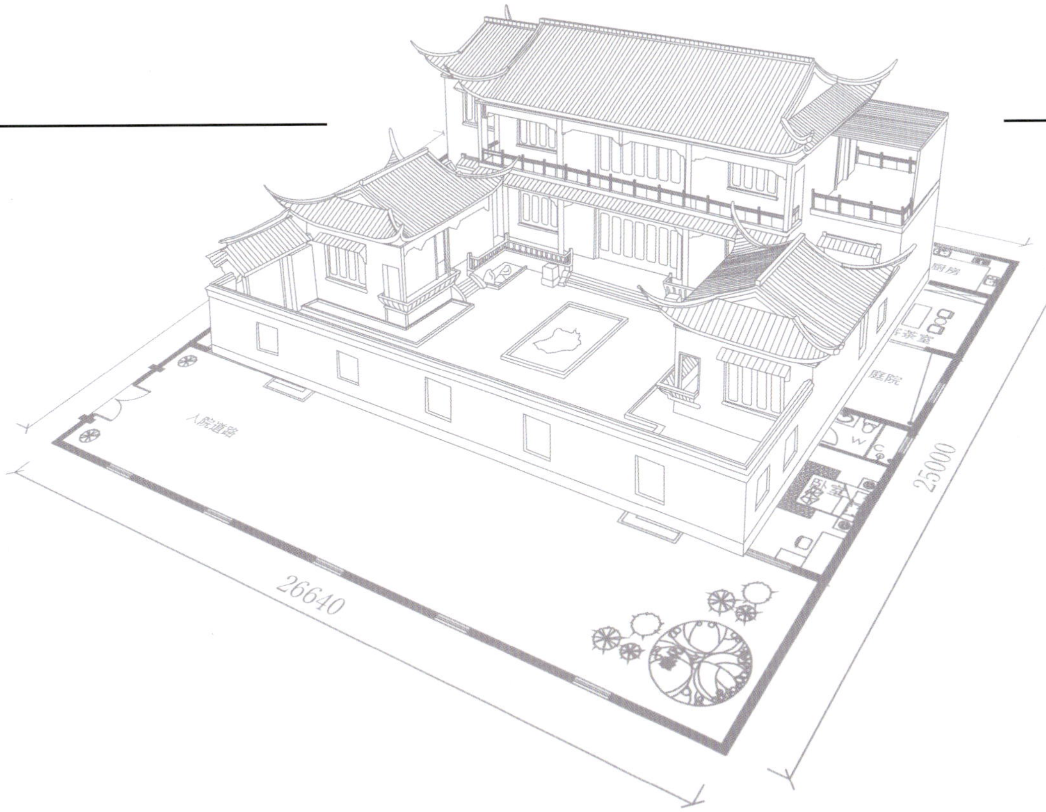

第一章

中式
别墅设计

CHINESE STYLE
VILLA DESIGN

方 案 1

图纸属性

层　数	一层	开　间	19.50m
进　深	21.50m	建筑面积	176.08m^2

外观简介

传统的四合院形态彰显出浓郁的中式韵味，围合式设计带来良好的私密性与安全感。加入中式园林的造景手法，令居家也能享受自然之美。

布局简介

正房的功能主要为会客与休憩，适合家中常住人员使用；东侧的配房延展出更多的休憩功能，方便亲朋好友留宿使用；西侧配房为烹饪与用餐空间，整体空间布局分区明确。

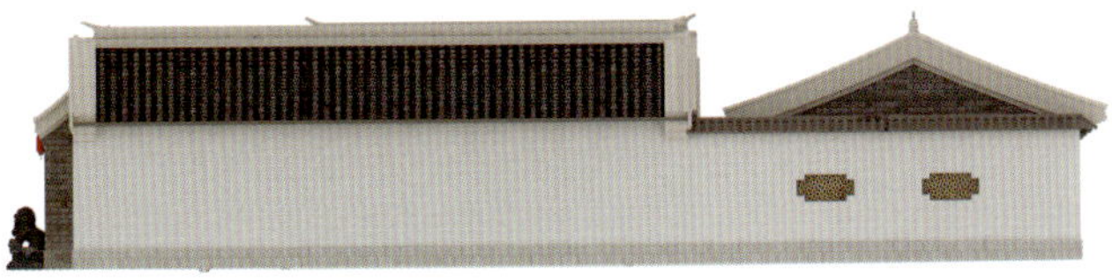
东

南

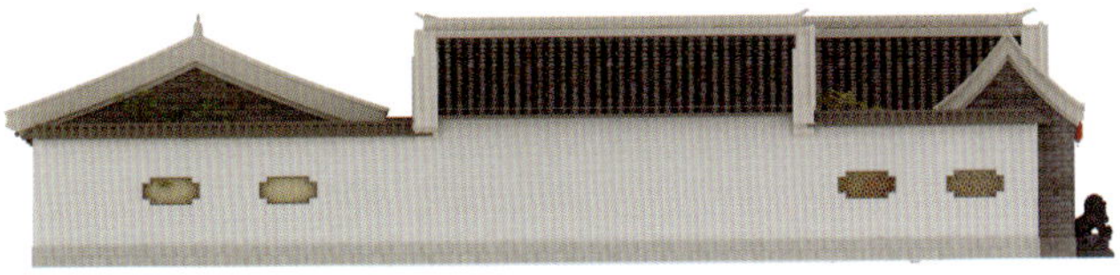
西

北

注：本书中平面图纸中的单位统一为 mm。

方 案 2

图纸属性

层　　数	一层	开　　间	10.00m
进　　深	19.80m	建筑面积	205.00m²

外观简介

此建筑在设计时用多个小空间营造出前院、中庭和后院，让大部分室内空间在窗户处都有景可赏，也给建筑空间增加了趣味性。

布局简介

本方案中，空间设计相对紧凑，利用率较高；贯穿式的动线设计，毫无空间浪费，行走起来也较为便利。

东

南

西

北

方 案 3

图纸属性

层　　数	一层	**开　　间**	16.20m
进　　深	11.03m	**建筑面积**	238.54m^2

外观简介

红瓦、白墙、木门窗的设计虽然简洁，却充分展现中式建筑的经典配色；整个建筑的造型利落干净，实用经济。

布局简介

这套平层别墅面积不大，三室两厅，满足了刚性建房需求的家庭以及少人口家庭。户型布局十分经典，无面积浪费，实用性、经济性都很不错。

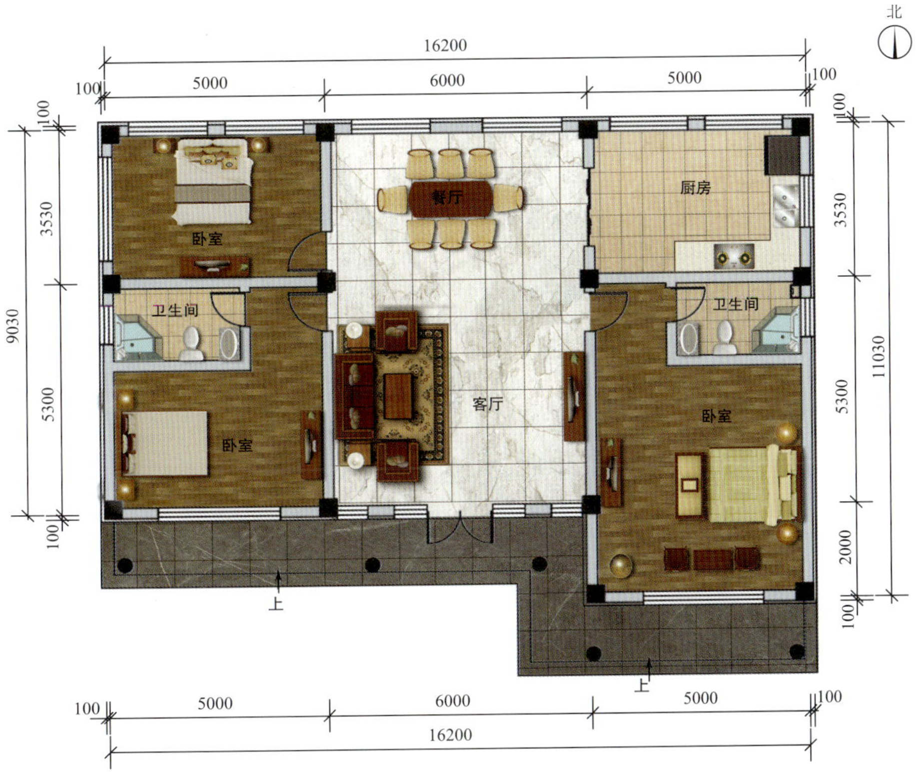
北
16200
100
5000
6000
5000
100
100
3530
9030
5300
100
卧室
卫生间
卧室
餐厅
客厅
厨房
卫生间
卧室
上
上
3530
11030
5300
2000
100
100
5000
6000
5000
100
16200

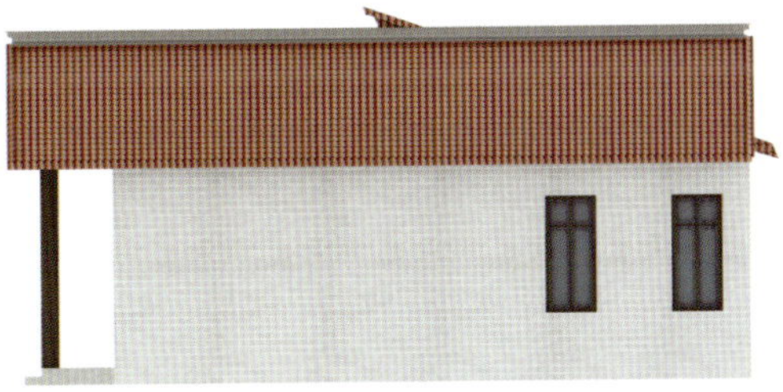

东

南

西

北

方案 4

图纸属性

层 数	一层	开 间	20.00m
进 深	22.30m	建筑面积	245.00m^2

外观简介

建筑以传统的白墙灰瓦作为基调，搭配木线条装饰，并在开窗方面融入现代风格建筑的处理方式，使得整体效果达到传统与创新的完美融合。

布局简介

整体建筑区域呈 L 型，动线合理、顺畅；同时将休憩区域安置在整个户型的深处，保证了私密性。

20000
120 3300 2100 3900 3800 3900 3000 120
北
卧室
卫生间
卧室
卧室
卧室
卫生间
棋牌室
下
茶室
客厅
餐厅
下
下
入口
厨房
下
3900
1500
5800
4800
6300
22300
2200
3600
7500
3600
22300
120 7700 5400 2700 4200 120
20000

东

南

西

北

方案 5

图纸属性

层　数	一层	开　间	24.00m
进　深	18.00m	建筑面积	227.81m^2

外观简介

建筑整体为中式风格，立面造型的层次十分丰富，同时运用多种传统装饰手法，无论是人字形屋顶，还是影壁，都使得建筑在整体设计上显示出厚重的底蕴。

布局简介

居室内的功能空间齐全，会客、娱乐、休憩、进餐等一应俱全，既能满足日常生活需求，也适合亲朋好友间的小聚。

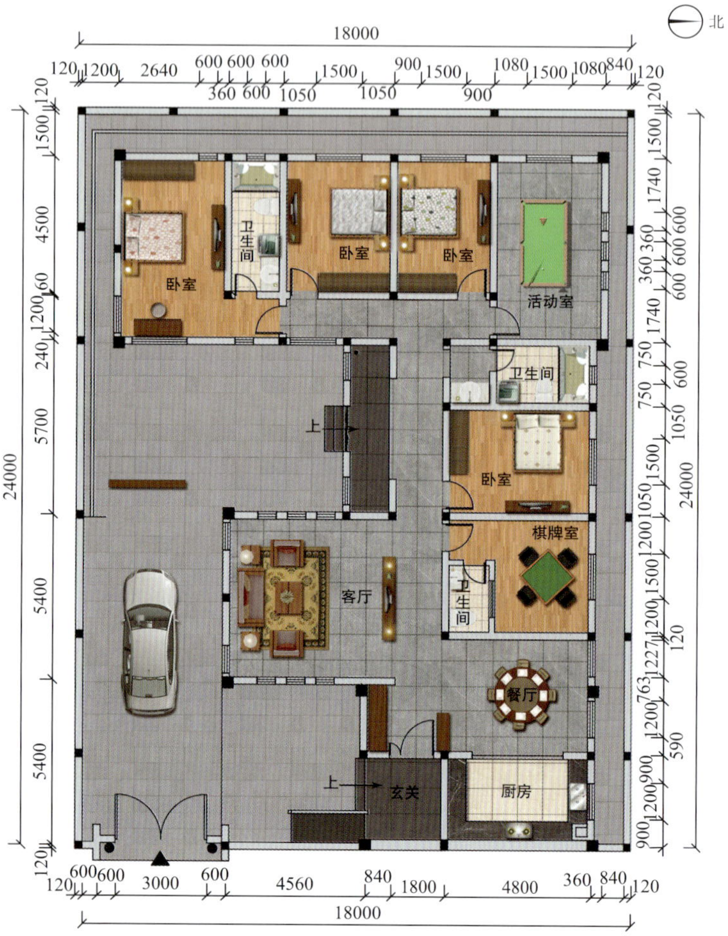

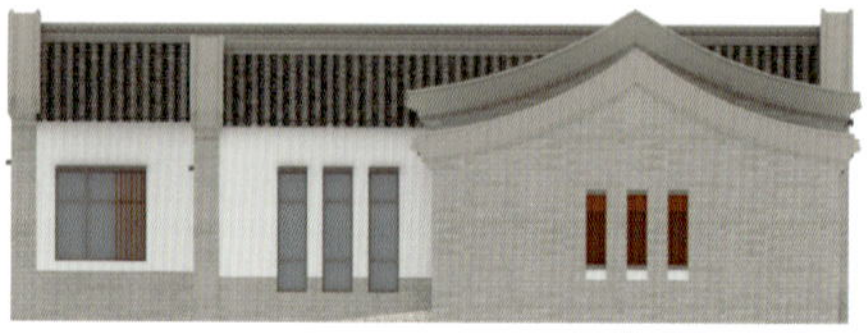

东

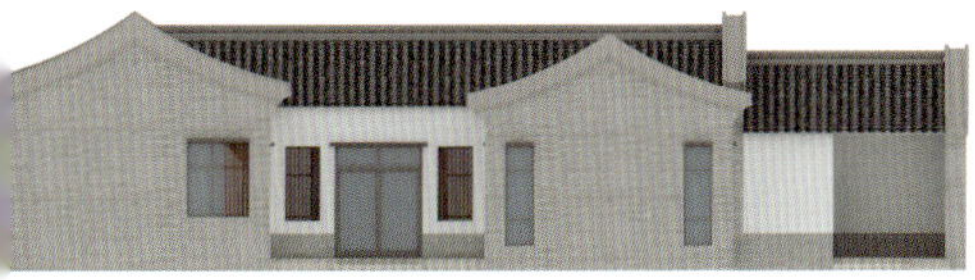

南

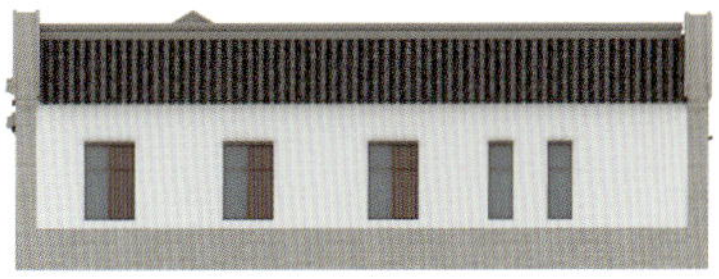

西

北

方案 6

图纸属性

层　数	一层	开　间	23.40m
进　深	20.00m	建筑面积	299.58m^2

外观简介

继承传统的合围式建筑形态，保留经典的黛瓦白墙，展现温婉的四合院形象和水墨般的清淡之美。规整的外观传递出匀称之美。

布局简介

独有的柴火房，符合农村的生活习惯，实用又接地气。除了柴火房，另设有开放式厨房，可做西餐，满足不同的口味需求。设有棋牌室，便于亲朋好友一起消遣娱乐，丰富居家生活。

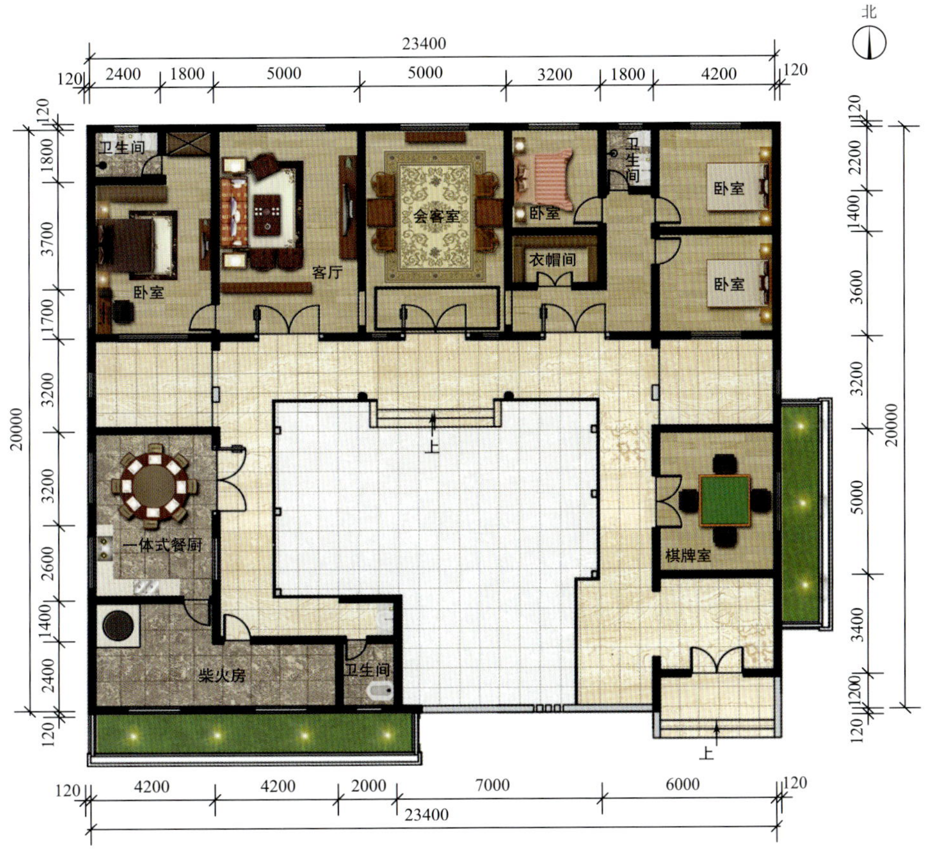
北
23400
120
2400
1800
5000
5000
3200
1800
4200
120
卫生间
卧室
客厅
会客室
卧室
卫生间
衣帽间
卧室
卧室
上
一体式餐厨
棋牌室
柴火房
卫生间
上
1800
3700
1700
3200
3200
2600
1400
2400
20000
2200
1400
3600
3200
5000
3400
1200
20000
4200
4200
2000
7000
6000
23400

东

南

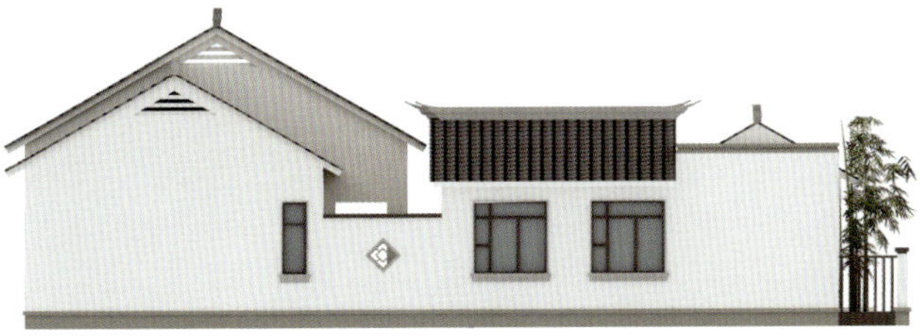

西

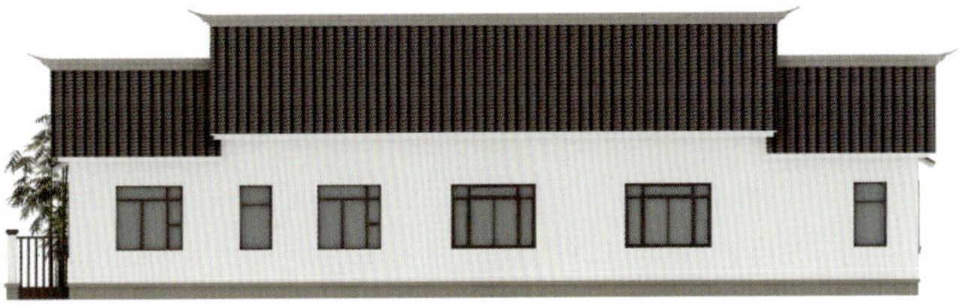

北

方 案 7

东

西

图纸属性

层　数	二层	开　间	15.62m
进　深	18.62m	建筑面积	234.70m^2

外观简介

院落保留了中式建筑的青瓦屋顶、响瓦围墙等元素，却在主体建筑的墙面和门窗处运用了大量现代设计手法，整个建筑现代与传统交融。

布局简介

空间布局规整，各功能空间分区明确，符合使用动线，居住起来舒适、便捷。

南

北

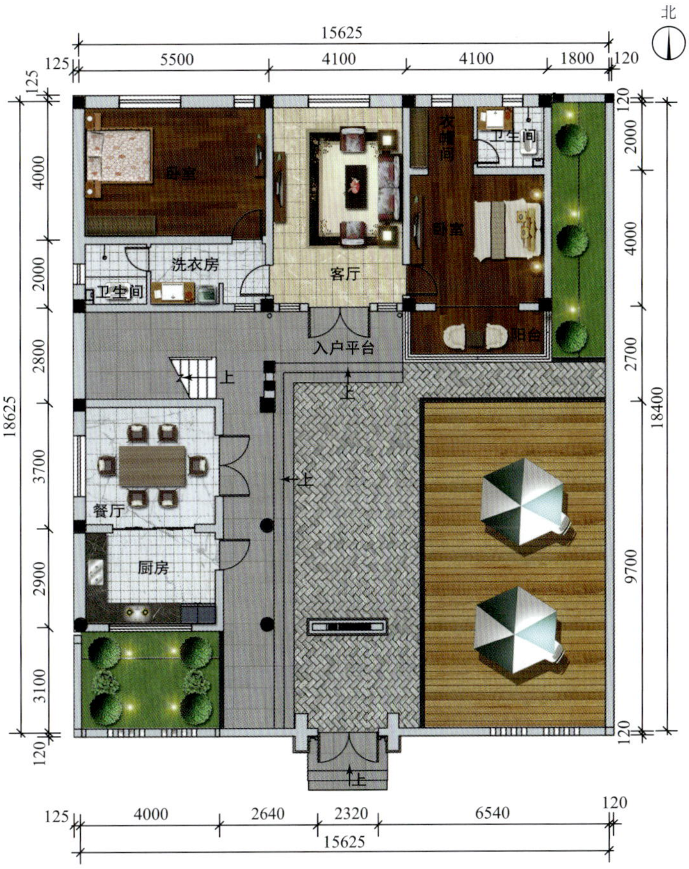

一层平面图（147.16m^2）

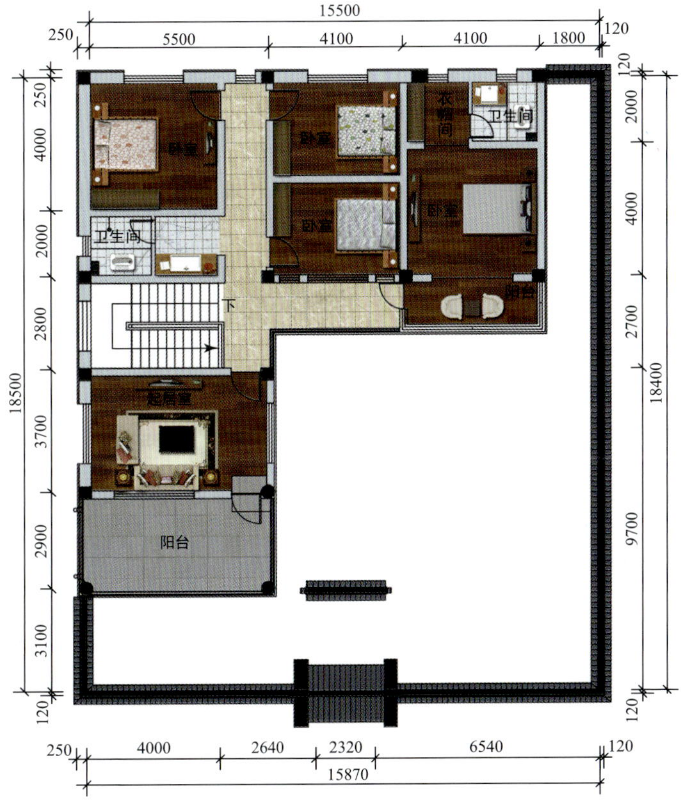

二层平面图（145.70m^2）

方案 8

图纸属性

层　　数	二层
开　　间	12.80m
进　　深	12.50m
建筑面积	257.00m^2

外观简介

木栅格围栏的设计，充满中式韵味，大面积朝南的窗户，使室内采光更好。

布局简介

一层主要为老人房以及客厅、餐厅，日常活动空间都在一层，免去老人爬楼梯的烦恼。二层为三间卧室，供家里除老人以外的成员休息，互不干扰。

东

南

西

北

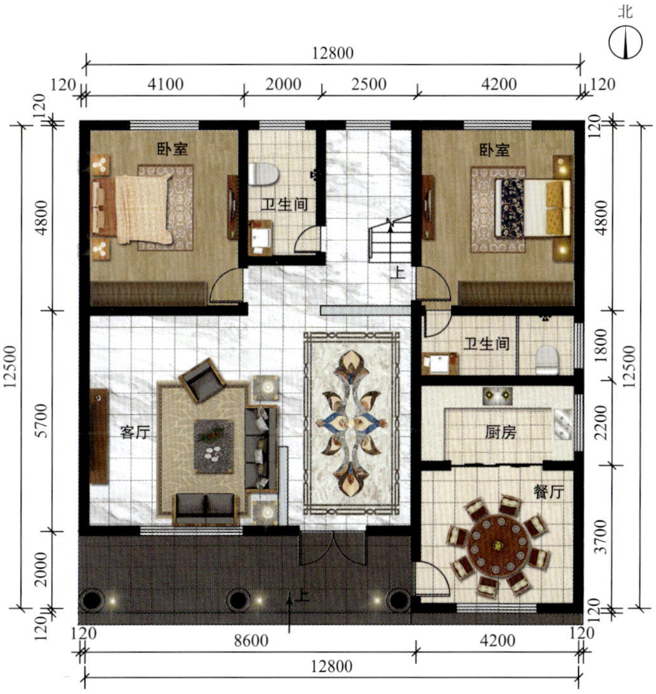

一层平面图（157.00m²）

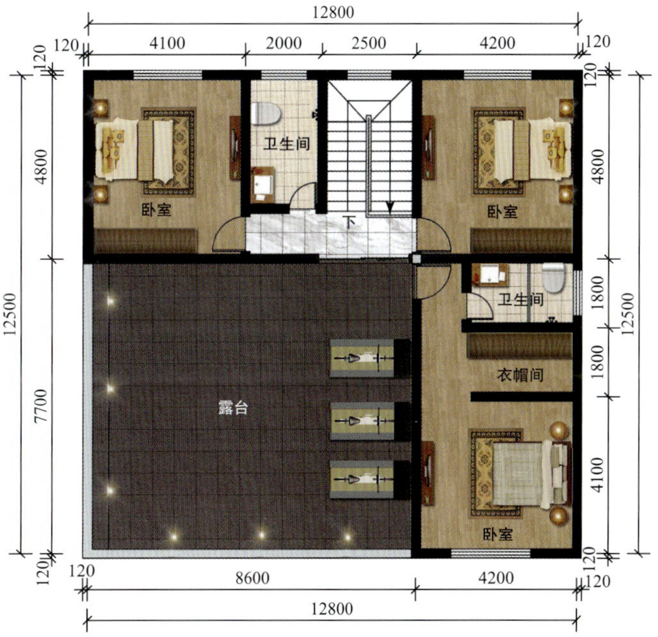

二层平面图（100.00m²）

方案 9

图纸属性

层　数	二层	开　间	10.10m
进　深	22.00m	建筑面积	266.30m^2

外观简介

没有繁复的造型，没有绚烂的配色，只用简单的黑白两色，使得房子有了自持而清雅的气质。

布局简介

一层的厨房虽在主房内，却足够独立，做饭产生的油烟对室内影响小，净污分离且与餐厅相接，生活方便。餐厅又与客厅相连，形成开放的大空间，视野开阔。两间卧室位于卫生间、楼梯之后，做到了动静分离。同时二层又设置了三间卧室，以备来客使用。

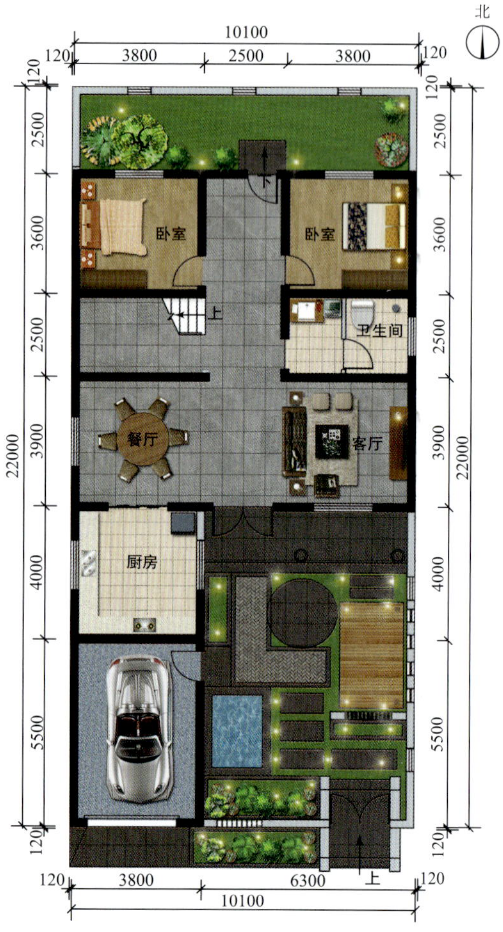

一层平面图（144.26m^2）

二层平面图（122.04m^2）

东

南

西

北

方案 10

图纸属性

层　数　二层

开　间　27.00m

进　深　24.28m

建筑面积　406.00m²

外观简介

此院落融入了中式的亭台楼阁景致，其飞檐设计与主体建筑的屋檐形成呼应，产生了灵动感。另外，水塘与楼阁相连，在家中也能体验中式园林之美。

布局简介

本案布局设计充分考虑了居住者的喜好，单独辟出乒乓球室，供居住者使用；同时将整个睡眠区设置在二楼，充分做到动静分区，私密性强。

东

南

西

北

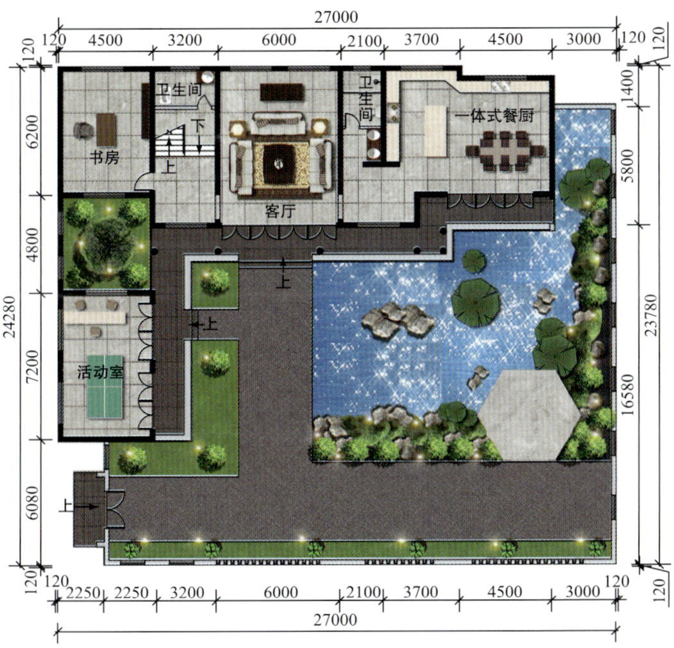

一层平面图（244.00m²）

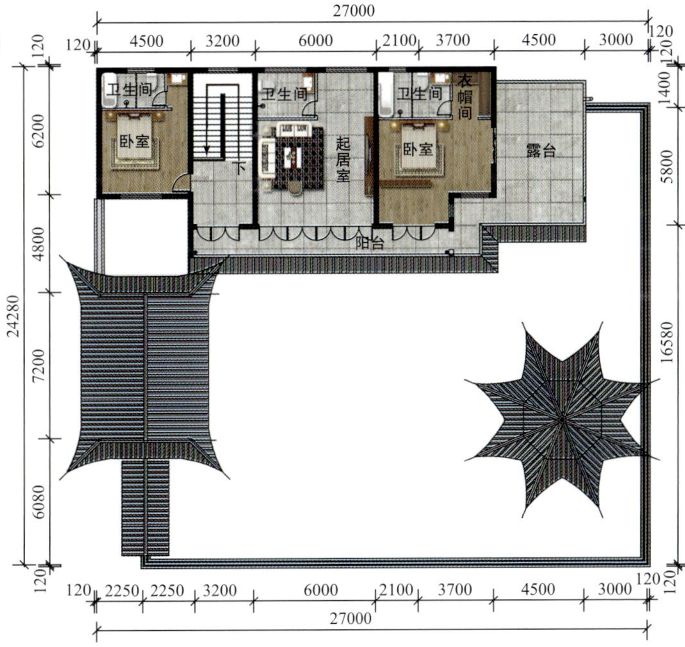

二层平面图（162.00m²）

方案 11

图纸属性

层　数	二层	开　间	23.60m
进　深	15.50m	建筑面积	450.35m^2

外观简介

此建筑中式风情浓郁，大门入口处利用中式图案的砖石营造出带有文化气息的氛围；拾级而上，进入院内，水塘绿树，处处风景；建筑主体则运用中式围栏、窗棂进行装点，韵味十足。

布局简介

此方案设计适合农村中大家族共居，户型呈对称式布局，空间使用功能十分齐全，既有大家共用的门厅，又有分区完善的功能空间。

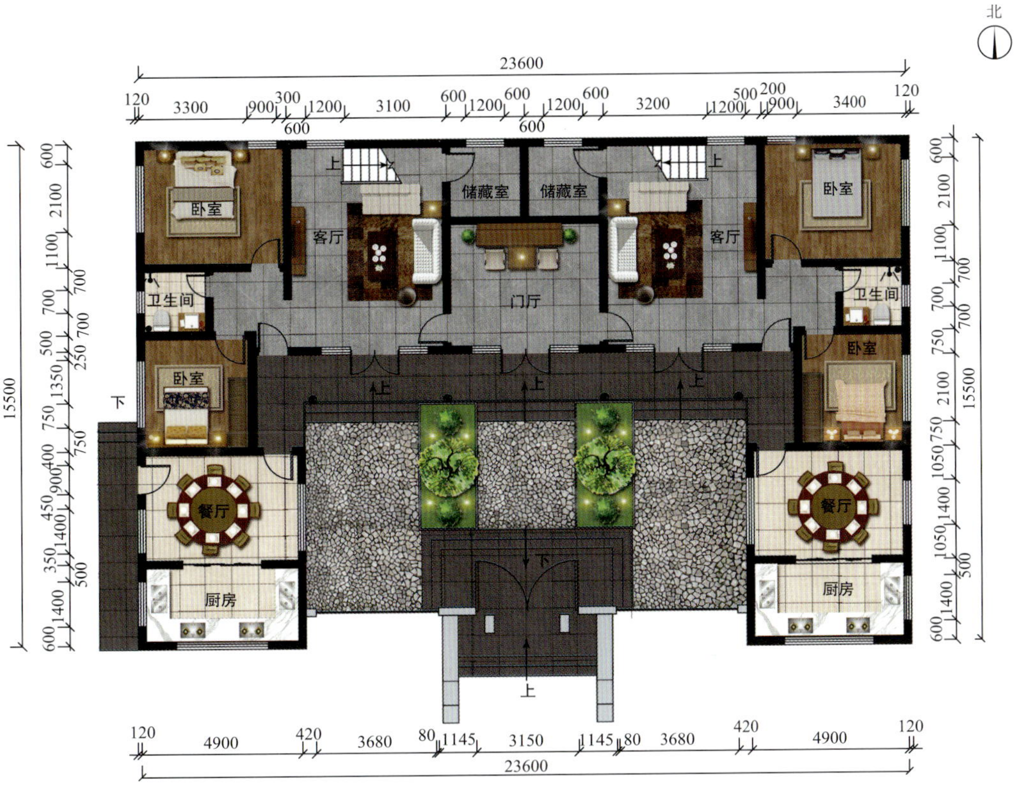

一层平面图（257.98m²）

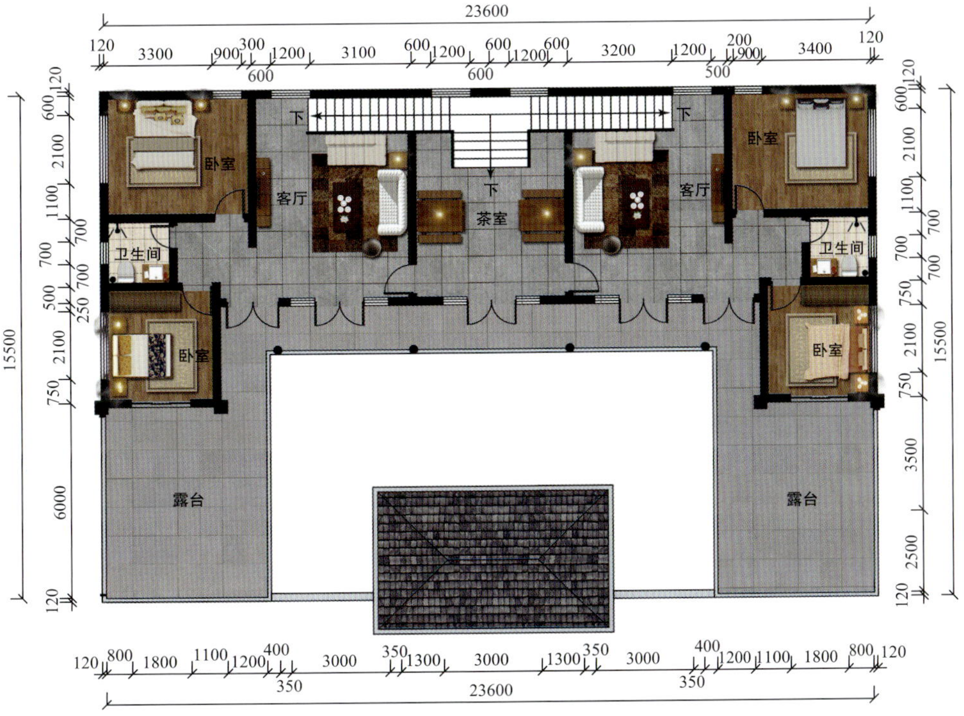

二层平面图（192.37m²）

方案 12

东

南

西

北

图纸属性

层　　数	二层	开　　间	16.50m
进　　深	19.50m	建筑面积	468.86m^2

外观简介

白色与绛红色相间的墙面设计为整体建筑带来厚重感，其间点缀的中式花纹窗棂装饰，成为整个建筑的点睛之笔。

布局简介

一层和二层采用了基本相同的格局设计，只是在使用功能上做了区分，这样的设计既能满足多样化的使用需求，又能节约成本。

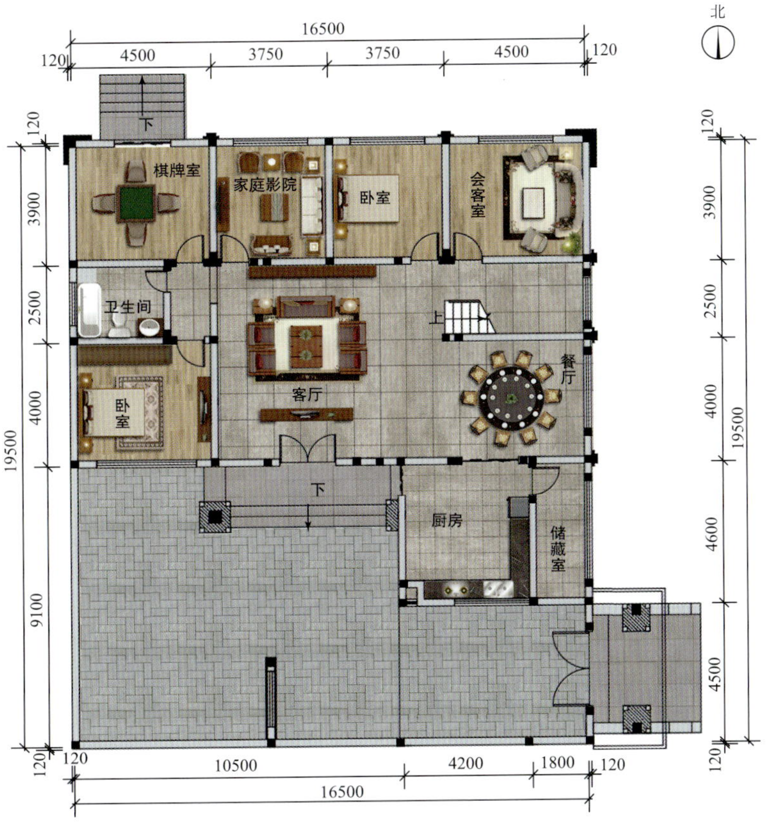

一层平面图（233.96m²）

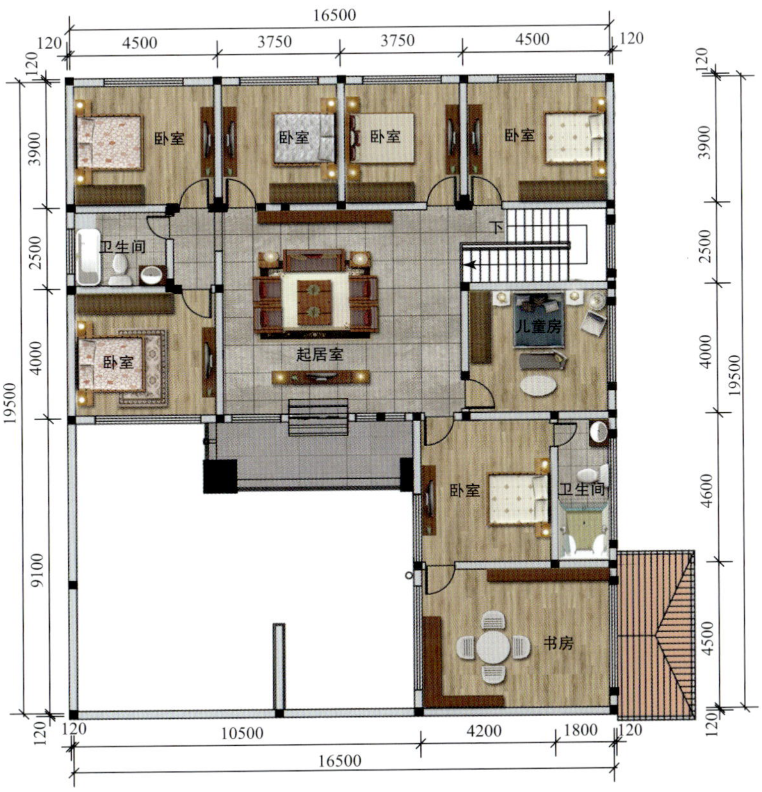

二层平面图（234.90m²）

方案 13

图纸属性

层　数	二层	开　间	26.64m
进　深	25.00m	建筑面积	506.53m^2

外观简介

合围式的中式建筑形态，简洁的白墙黛瓦，体现了中国传统民居的诗情画意；建筑中的中式立柱、实木大门、木栏装饰，则营造出庄重的仪式感。

布局简介

一层布局呈 U 型，主要功能空间位于 U 型的底部，两侧设置睡眠区，既有各自独立的使用区域，又有共用区域，空间利用率合理。二层则为补充住宅功能设计，完整而实用。

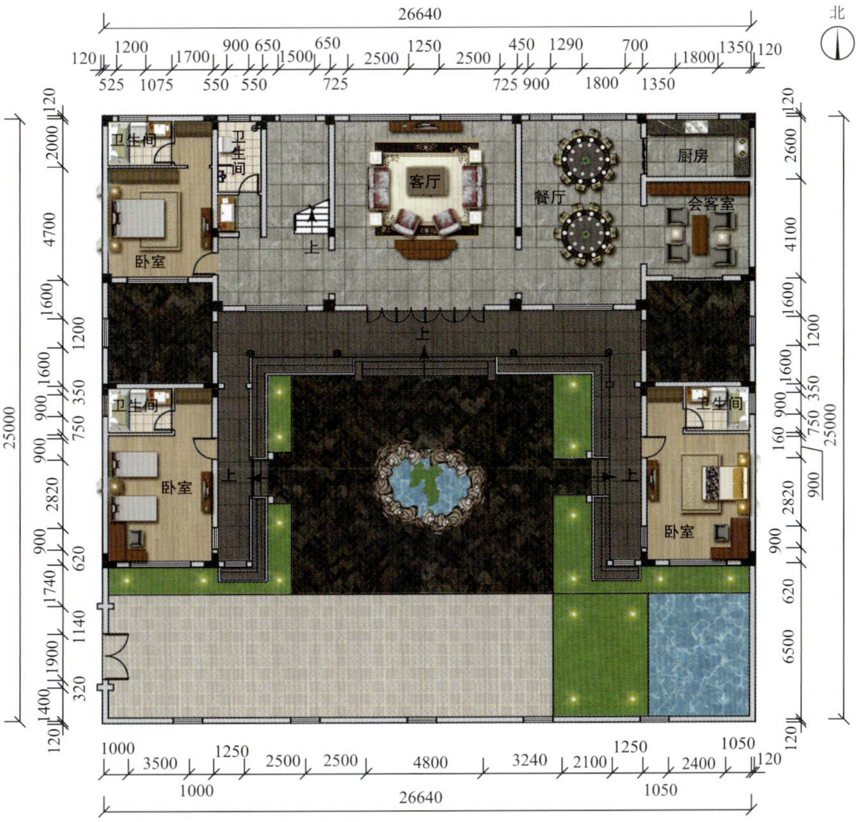

一层平面图（311.40m²）

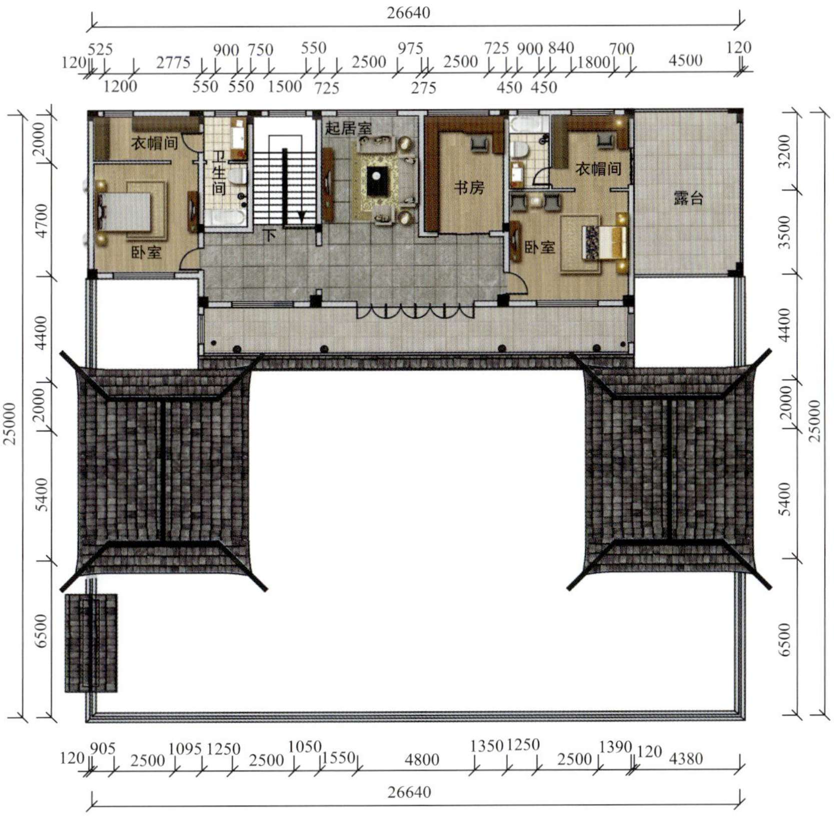

二层平面图（195.13m²）

方案 14

图纸属性

层　　数	二层	开　　间	27.00m
进　　深	27.00m	建筑面积	531.82m²

外观简介

此院落的门窗、围栏运用了大量的木材，营造出古色古香的氛围；同时，院落注重绿化设计，茂林修竹、水塘山石，仿若一派世外桃源的景象。

布局简介

此案设计将院落中的禅韵延伸至室内，一层设有茶室，并与客厅用屏风相隔，古韵幽幽。而室内其他功能空间完善，具有意蕴的同时，也符合当代人的生活需求。

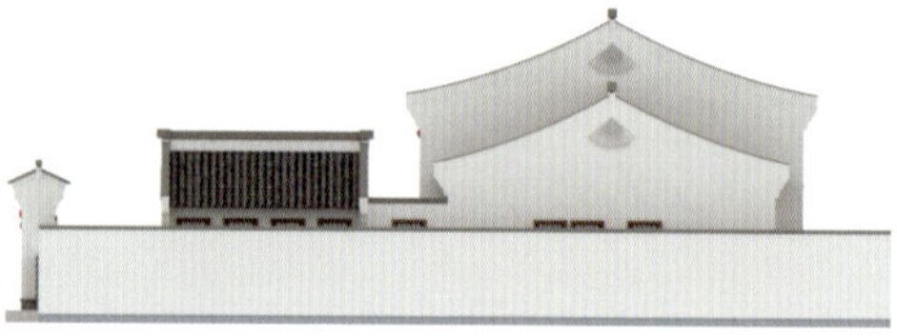

东

西

一层平面图（315.21m²）

南

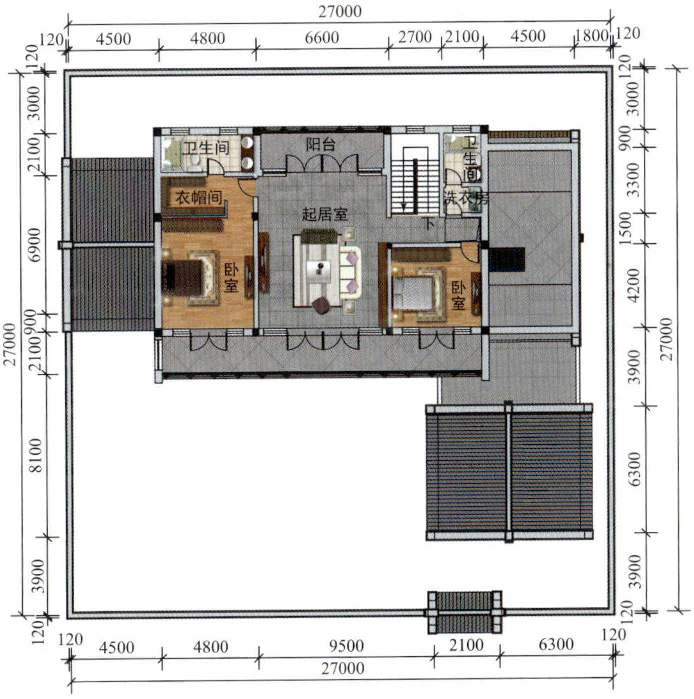

二层平面图（216.61m²）

北

方案 15

图纸属性

层　数	二层	开　间	23.00m
进　深	32.47m	建筑面积	650.00m^2

外观简介

典型的中式四合院设计，错落有致的建筑造型，带来婉转多姿的观感。搭配中式窗棂的落地长窗，采光充足、造型美观，是一栋适合自住的好房子。

布局简介

一层主房和配房搭配设计，形成完善的居住功能空间。二层主要为儿子一家人居住、使用，功能齐备，且区域独立。

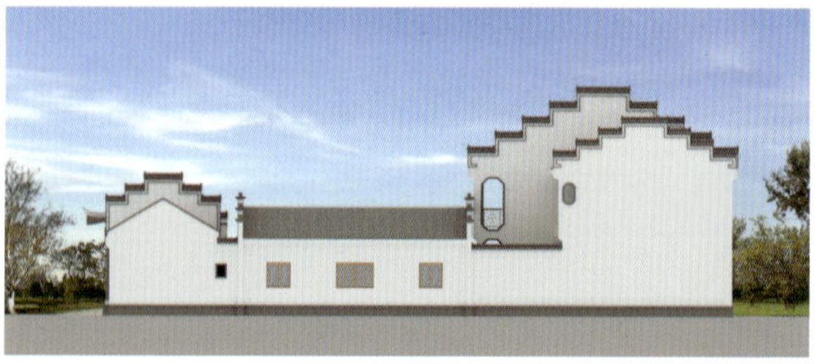

东

西

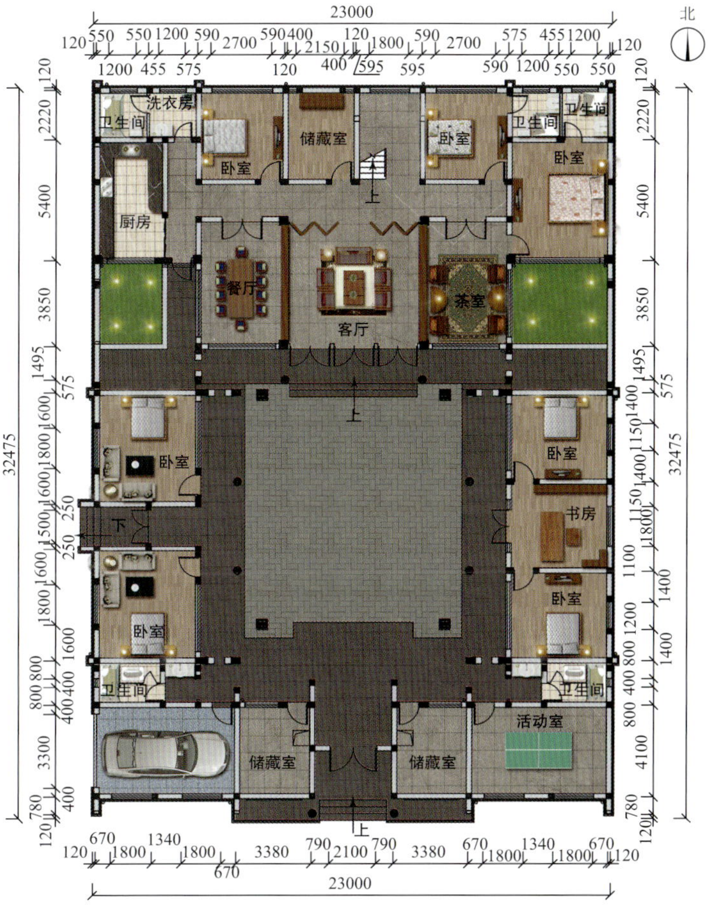

一层平面图（432.00m^2）

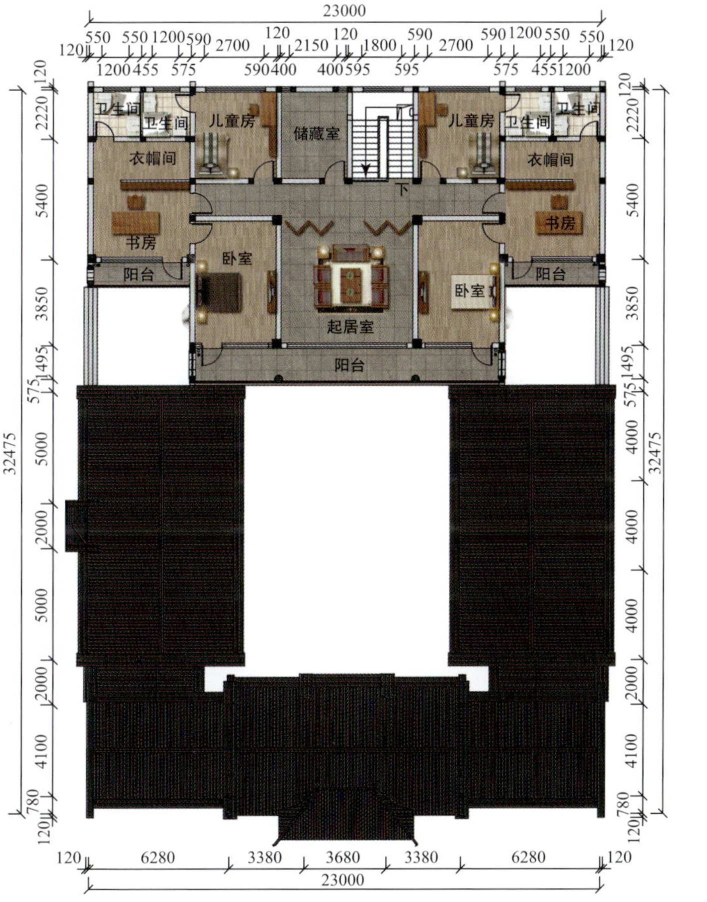

二层平面图（218.00m^2）

南

北

方案 16

图纸属性

层　数	二层	开　间	23.96m
进　深	37.22m	建筑面积	792.70m²

外观简介

白墙青瓦的设计，充满徽派建筑的特色，古色古香，置身其中，心旷神怡。

布局简介

别墅内院落面积较大，卧室数量较多，适合一家几代人一起居住。家中的老人和女儿居住在一层，已结婚的儿子一家居住在二层，彼此留有空间，互不干扰。

东

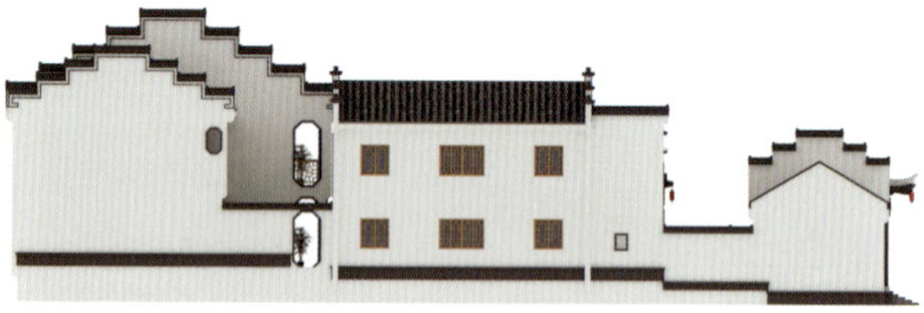

西

南

北

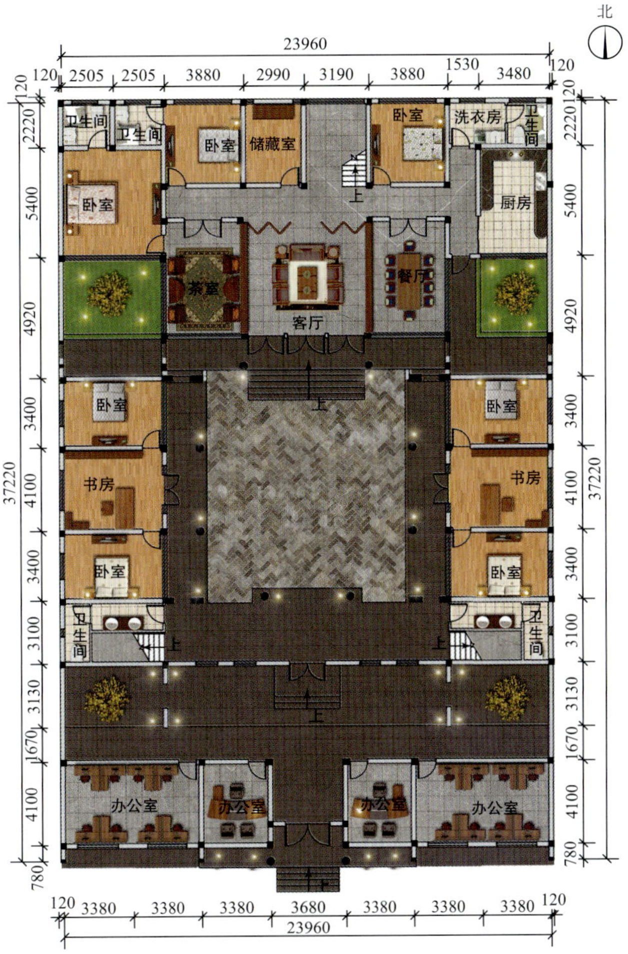

一层平面图（433m²）

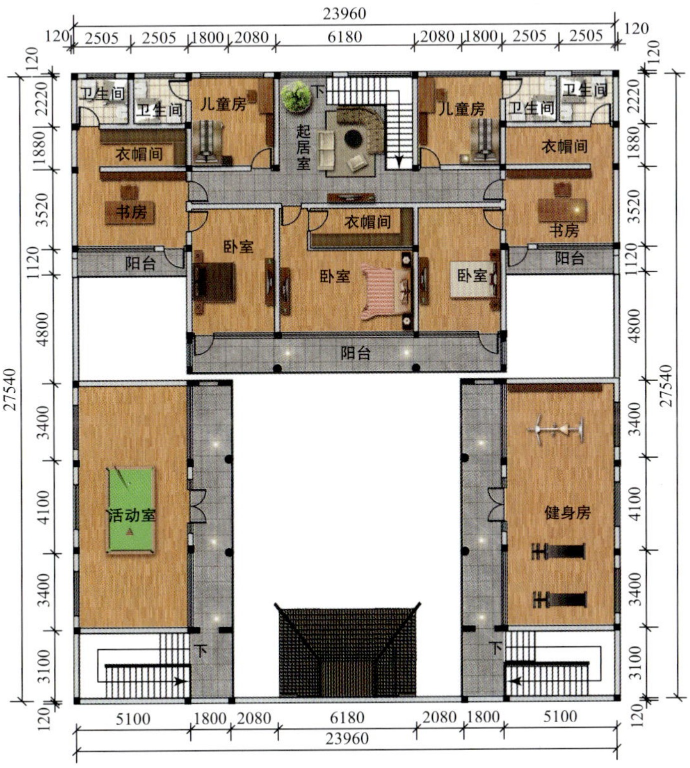

二层平面图（359.7m²）

方案 17

图纸属性

层　　数	二层	开　　间	23.96m
进　　深	37.22m	建筑面积	801.71m^2

东

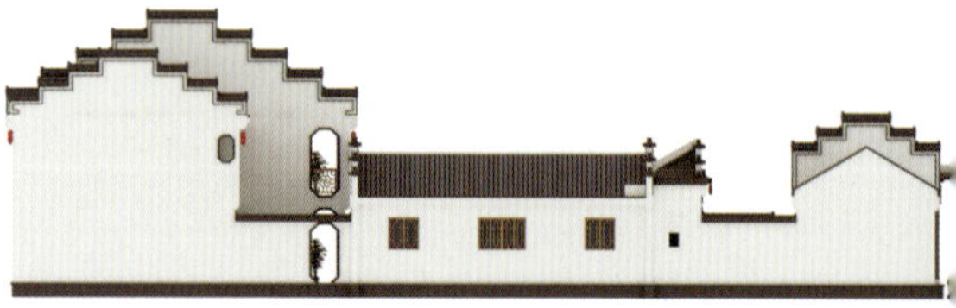

西

外观简介

白色墙面与木色围栏带来整洁、温润的视感，挑檐及马头墙部分的灰瓦则为整体建筑风格增加了沉稳气息，且不会由于突出的层次感而带来过多浮躁的感官体验。

布局简介

此别墅为二进院式，一进院为办公区域，二进院为家人的居住、生活区域。此种设计符合一些家中开展网络售卖农副产品的家庭，工作和生活区域互不干扰。

一层平面图（540.30m²）

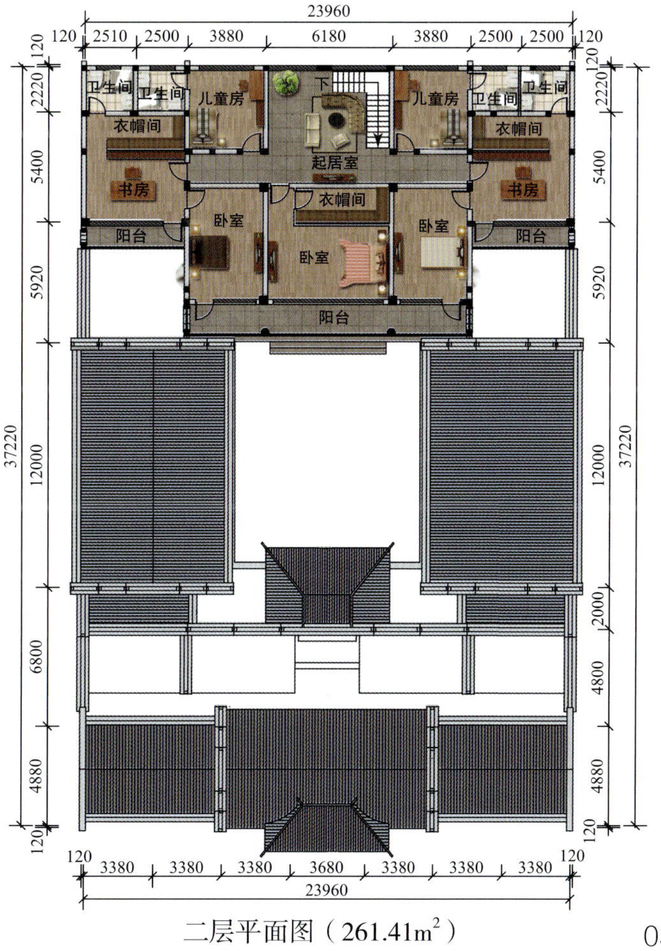

二层平面图（261.41m²）

南

北

方案 18

东

西

图纸属性

层　　数	二层	开　　间	25.76m
进　　深	39.46m	建筑面积	812.69m^2

外观简介

院落的占地面积较大，因此留出了充分的活动区域，平时家人可以在院落中晒太阳、健身，十分惬意。木栏式的外廊设计，使得整个建筑传统意蕴浓厚。

布局简介

二层主楼加三侧配房的设计，使得空间的功能非常丰富。家人的生活起居主要在主楼中进行，配房则可以根据需求来配置使用功能。

一层平面图（528.08m²）

南

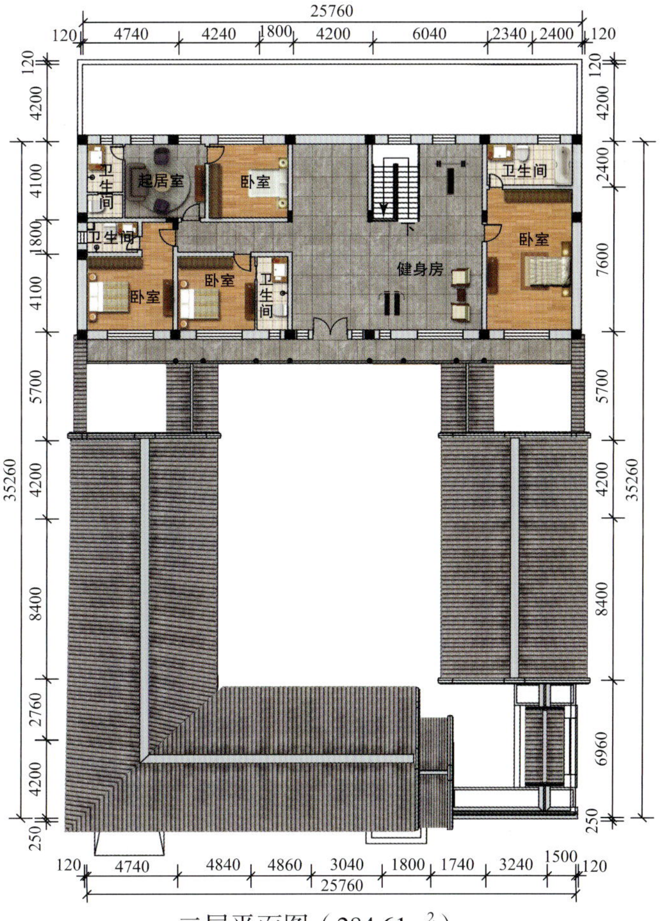

北

二层平面图（284.61m²）

方案 19

图纸属性

层　　数	三层	开　　间	11.70 m
进　　深	12.60 m	建筑面积	427.00 m^2

外观简介

别墅整体为极简中式外观，黛瓦白墙的轻描淡写间，却自有一份如写意山水画般的文墨雅韵。

布局简介

一层的格局开阔，方便使用。二层和三层的空间充足，主卧、次卧、起居室、书房俱全，居住舒适度高。

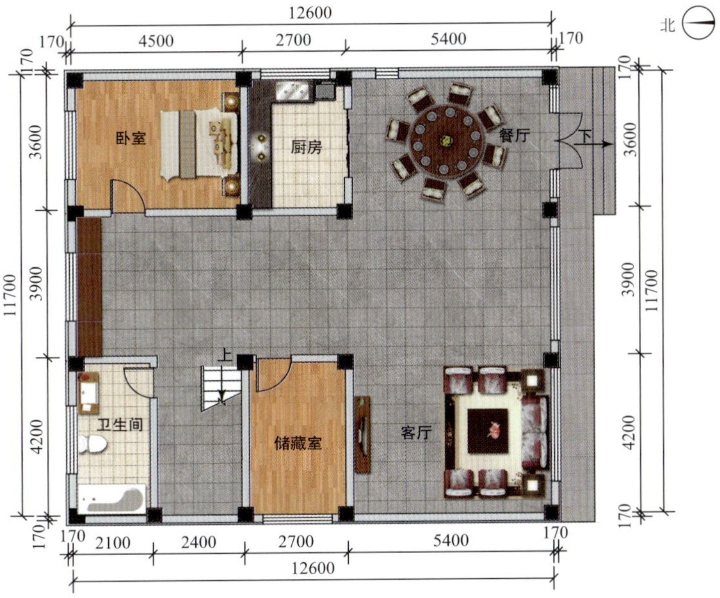

一层平面图（156.00m²）

二层平面图（156.00m²）

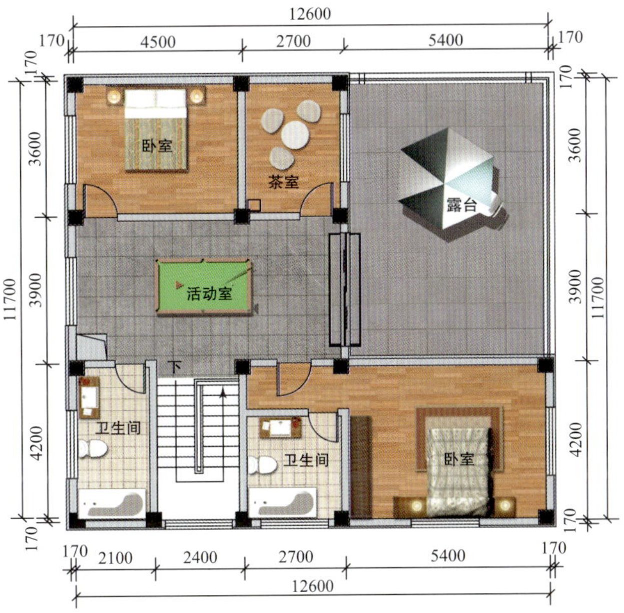

三层平面图（115.00m²）

方案 20

图纸属性

层　数	三层	开　间	11.00m
进　深	25.00 m	建筑面积	437.53m^2

外观简介

本建筑坐北朝南，南北通透，白色墙面与灰色屋顶相结合，有江南水乡的味道，不富丽，却十分温馨。

布局简介

三层建筑的户型中，每一层都设计了一个起居室（客厅），为居住在不同楼层的使用者均提供了除了休憩之外的活动区域。

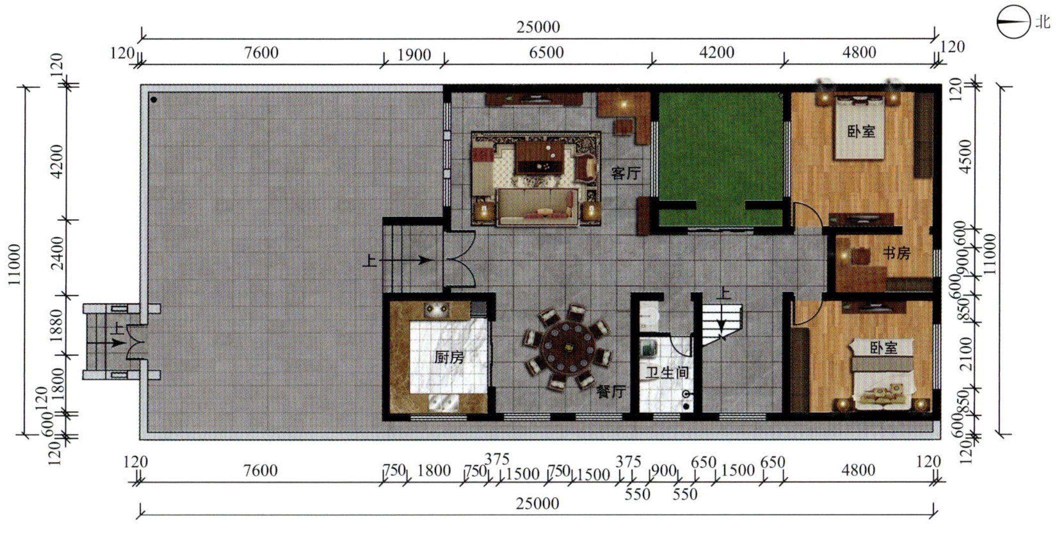

一层平面图（175.15m²）

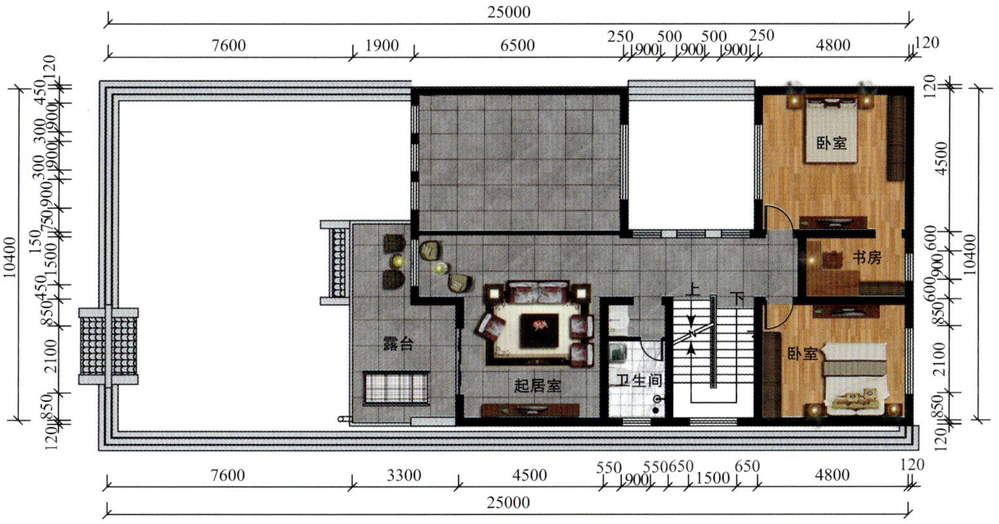

二层平面图（144.33m²）

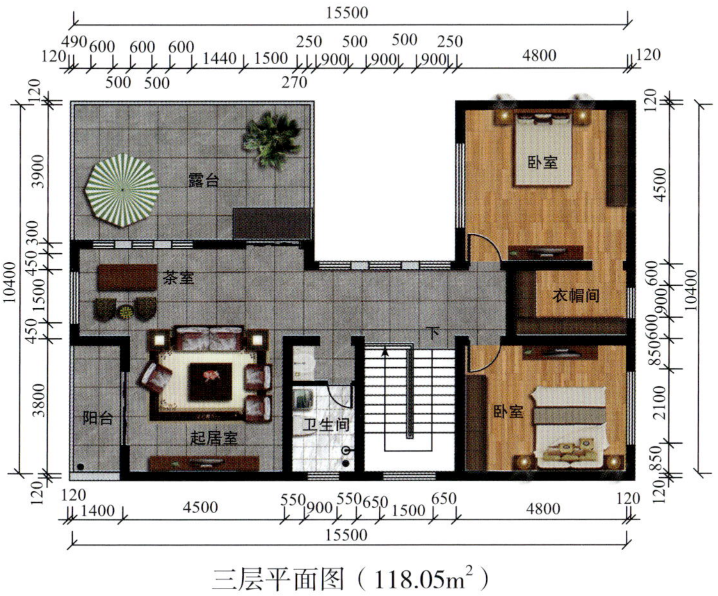

三层平面图（118.05m²）

方案 21

图纸属性

层　数	三层	开　间	11.70m
进　深	26.90m	建筑面积	541.84m^2

外观简介

简洁的白墙黛瓦，传神地表现了中国传统民居的诗情画意，展现了天人合一的协调之美。搭配大面积的落地长窗，采光充足、造型美观。

布局简介

三层空间每一层都配备了客厅（起居室）、卧室、衣帽间和卫浴，功能比较齐备，可以满足多代同堂的家庭分层使用，并且比较便捷。

东

南

西

北

一层平面图（191.09m²）

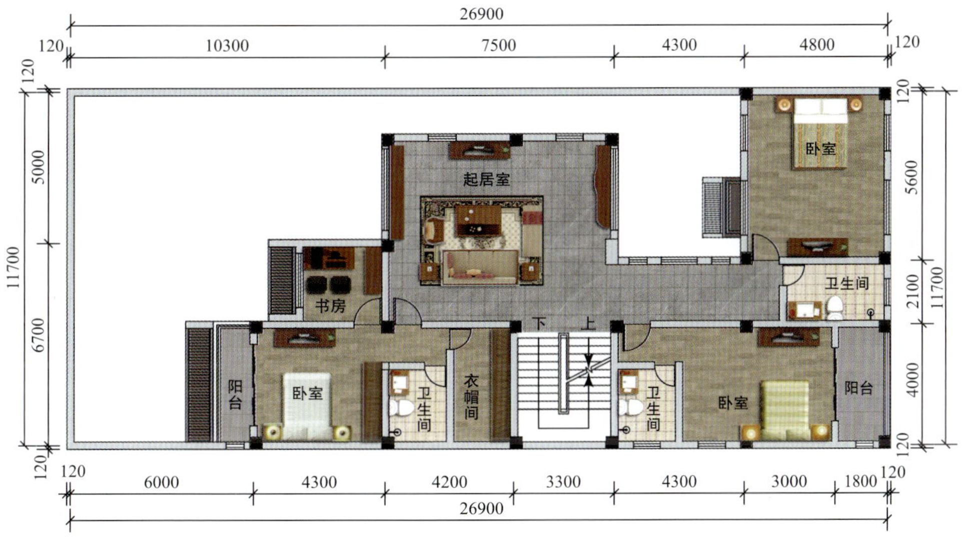

二层平面图（188.92m²）

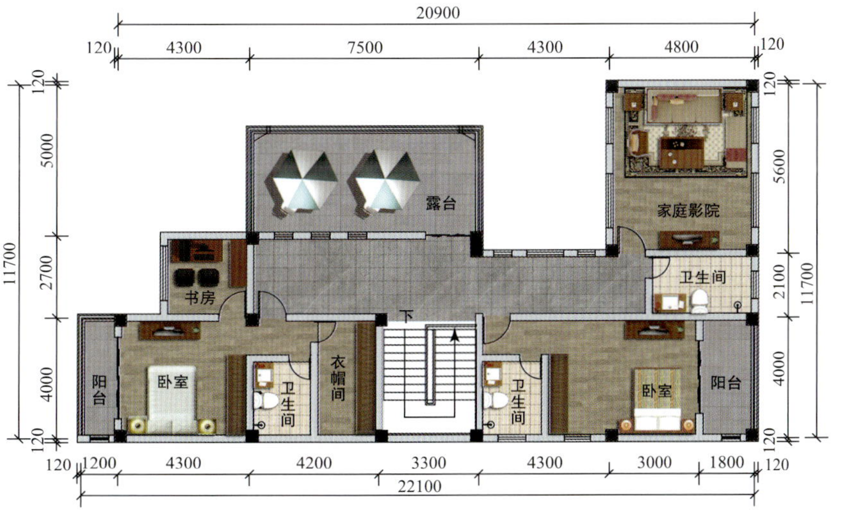

三层平面图（161.83m²）

方案 22

图纸属性

层　　数	三层	开　　间	14.50m
进　　深	22.00m	建筑面积	541.84m^2

外观简介

传统的建筑形态，结构上更加简约明了，清晰明朗的现代建筑工艺焕发了中式房屋的韵味美，也更便于自建和控制造价。

布局简介

一层内设棋牌室，满足业主业余消遣的需求；主卧配有独立的卫生间和衣帽间，方便家中老人的起居生活。二层的儿童房紧挨主卧，方便及时照顾；主卧配有书房，便于在家小型办公。三层以居住为主，四个卧室既能满足自家人的居住需求，又方便留宿客人。

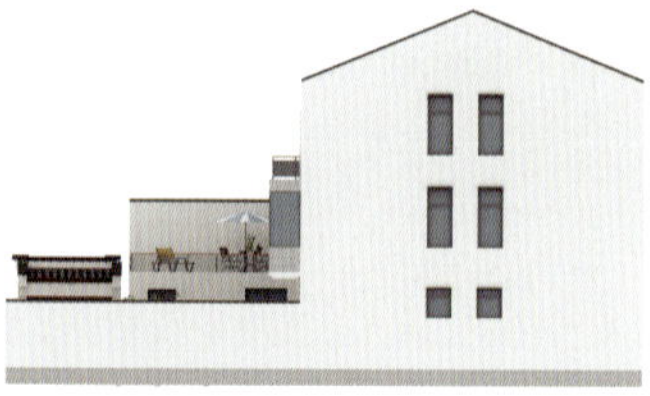

东

南

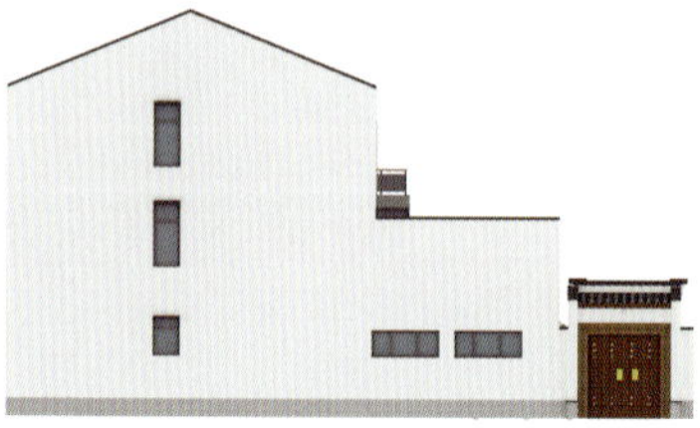

西

北

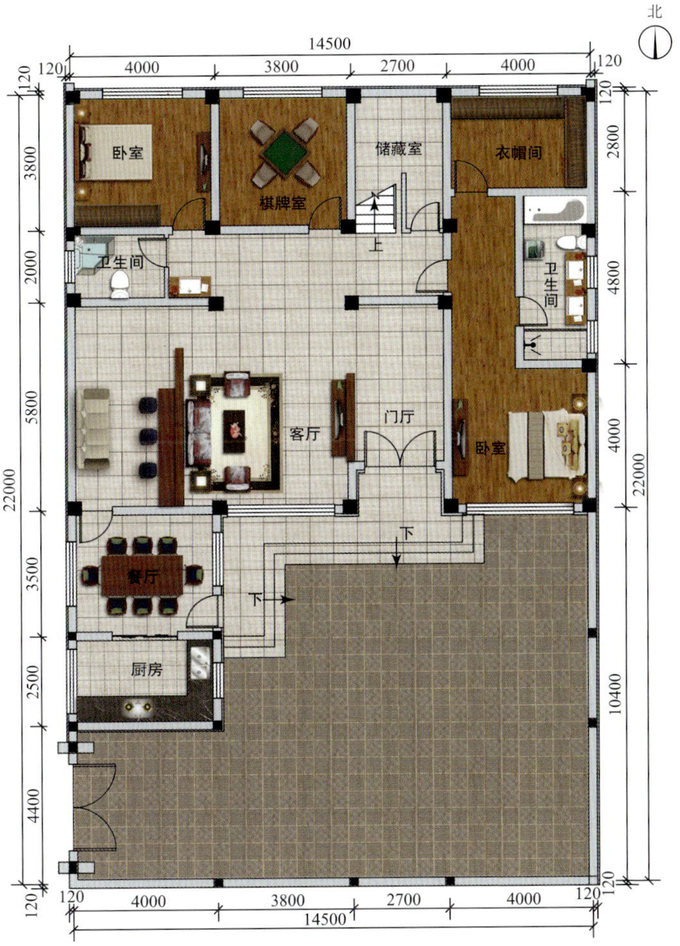

一层平面图（191.09m²）

二层平面图（188.92m²）

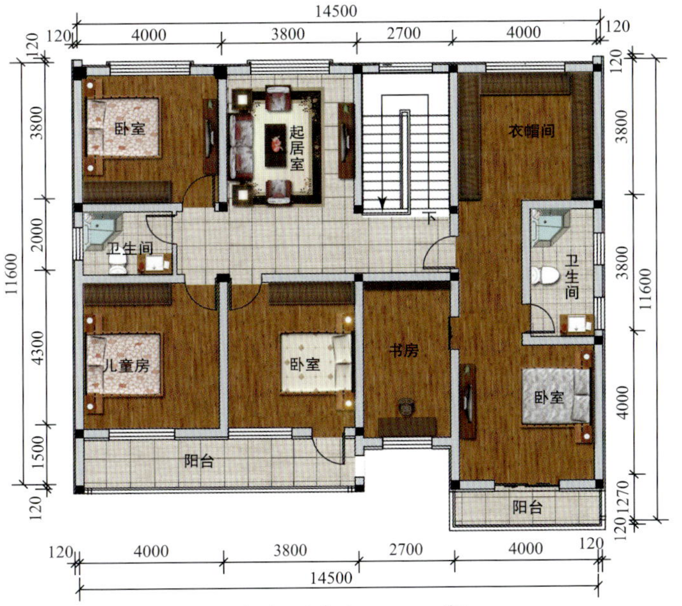

三层平面图（161.83m²）

第二章

欧式
别墅设计

EUROPEAN STYLE
VILLA DESIGN

方案 1

图纸属性

层　数	一层	开　间	19.20m
进　深	12.00m	建筑面积	207.89m^2

外观简介

一层的欧式别墅呈对称式的外观，给人一种工整之美。黄色的墙身与红色的屋顶形成色彩上的对比，带来强烈的视觉感染力。

布局简介

家中的人口较多，因此设计了多间卧室用来居住；餐厅内摆放了两张圆形十人餐桌，来客时多人用餐也不会觉得拥挤。

东

南

西

北

方案 2

图纸属性

层　数	二层	开　间	7.50m
进　深	13.20m	建筑面积	175.91m^2

东

南

外观简介

建筑外墙采用黄色和乳白色外墙漆，搭配文化石，整栋楼增色不少。另外，圆拱形落地窗、简化的罗马柱等欧式设计元素点缀，使建筑显得非常洋气。

布局简介

本案例以休憩功能为主，设置了四间卧室，无论是家人居住，还是亲朋好友留宿，均可满足使用需求。

西

北

一层平面图（91.67m²）

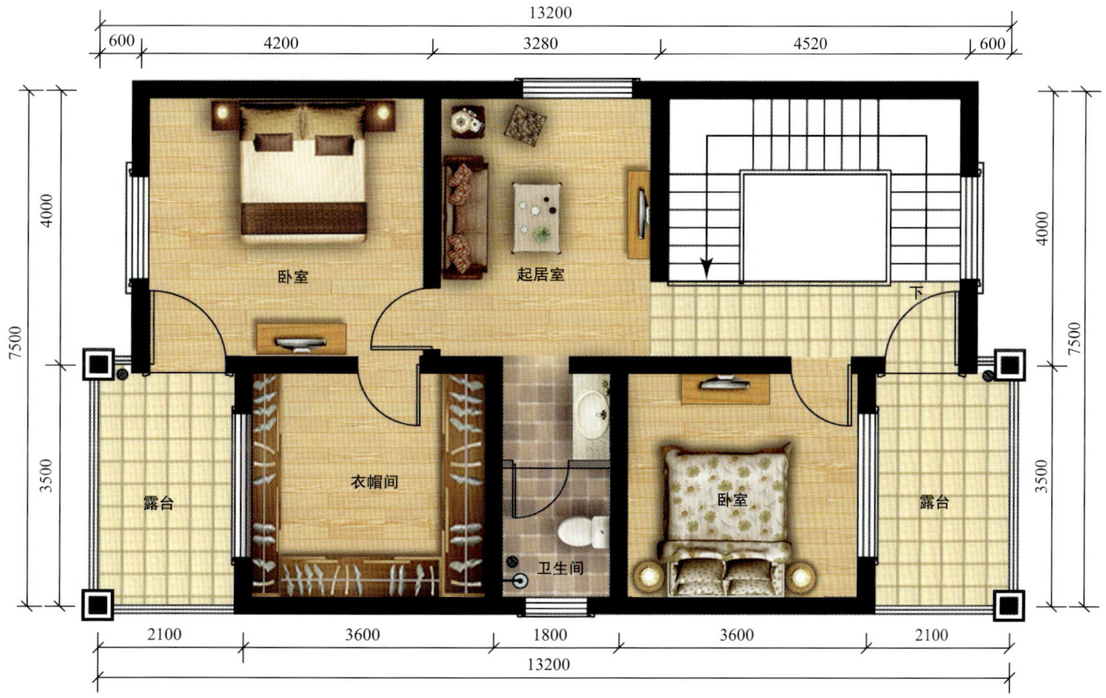

二层平面图（84.24m²）

方 案 3

图纸属性

层　数	二层	开　间	8.10m
进　深	11.00m	建筑面积	190.77m^2

外观简介

欧式雕花的大门以及罗马柱，彰显着欧式风情。屋顶设计为平屋顶超大露台，方便居住者在此小憩。

布局简介

一层、二层布局少有连通，彼此独立；二层的楼梯还设计了隔断，增加了私密性。每层一个卫生间，且均为干湿分离，实用合理。

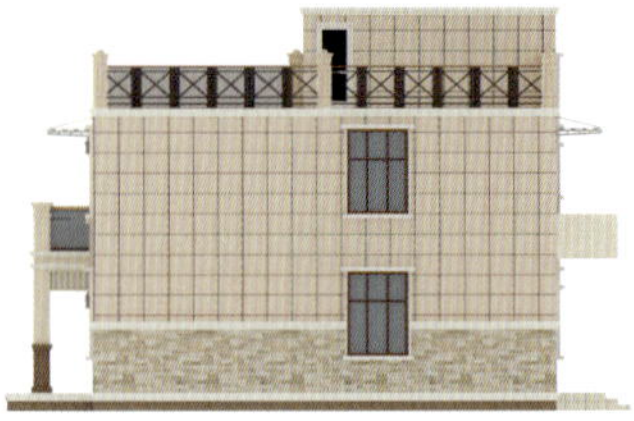

东

南

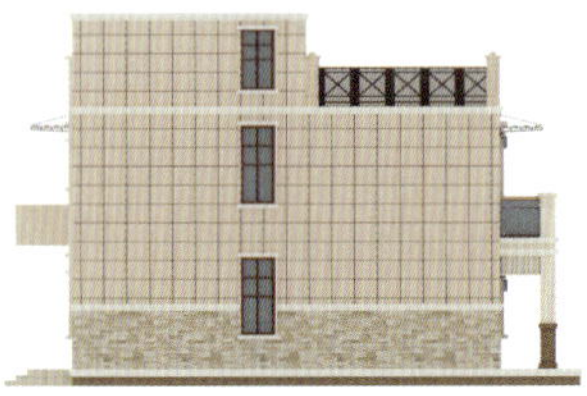

西

北

一层平面图（97.03m²）

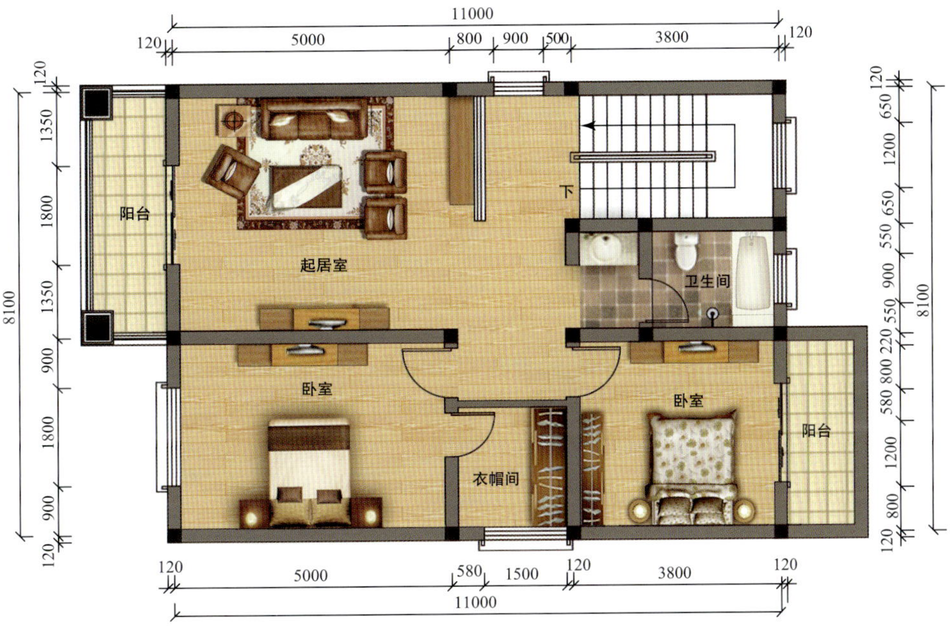

二层平面图（93.74m²）

方 案 4

图纸属性

层　数	二层	开　间	14.80m
进　深	10.50m	建筑面积	221.00m^2

东

西

外观简介

选用米黄和淡黄色，表达一种循序渐进的层次美感，挺拔的罗马柱和大气的坡屋顶设计，让房子整体增加质感，彰显别墅的非凡品质。

布局简介

一层的厨房、餐厅和客厅布置在一条直线上，行动路线十分便捷。另外，卧室的数量较多，方便一家几代人居住以及招待亲朋好友。

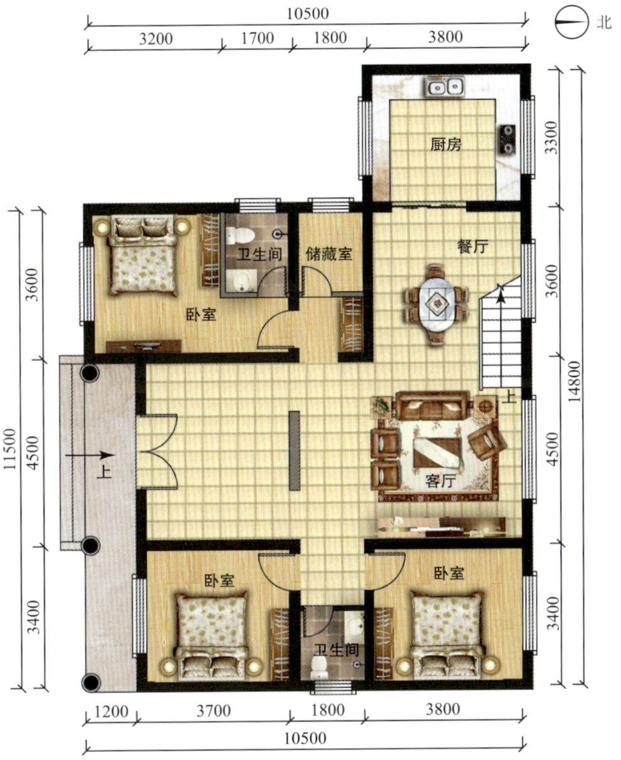

一层平面图（134.00m²）

二层平面图（87.00m²）

南

北

方 案 5

图纸属性

层　　数	二层	开　　间	16.36m
进　　深	8.20m	建筑面积	232.57m^2

外观简介

建筑一层的窗型为圆拱形落地窗，与造型美观的大门搭配，十分吸睛。二层的栏杆和柱体则使用罗马柱设计，欧式韵味很足。

布局简介

本户型将休憩空间全部设计在了二层，私密性更强；一层除了客厅、餐厨等主要空间外，还为家中的汽车留有存放之地。

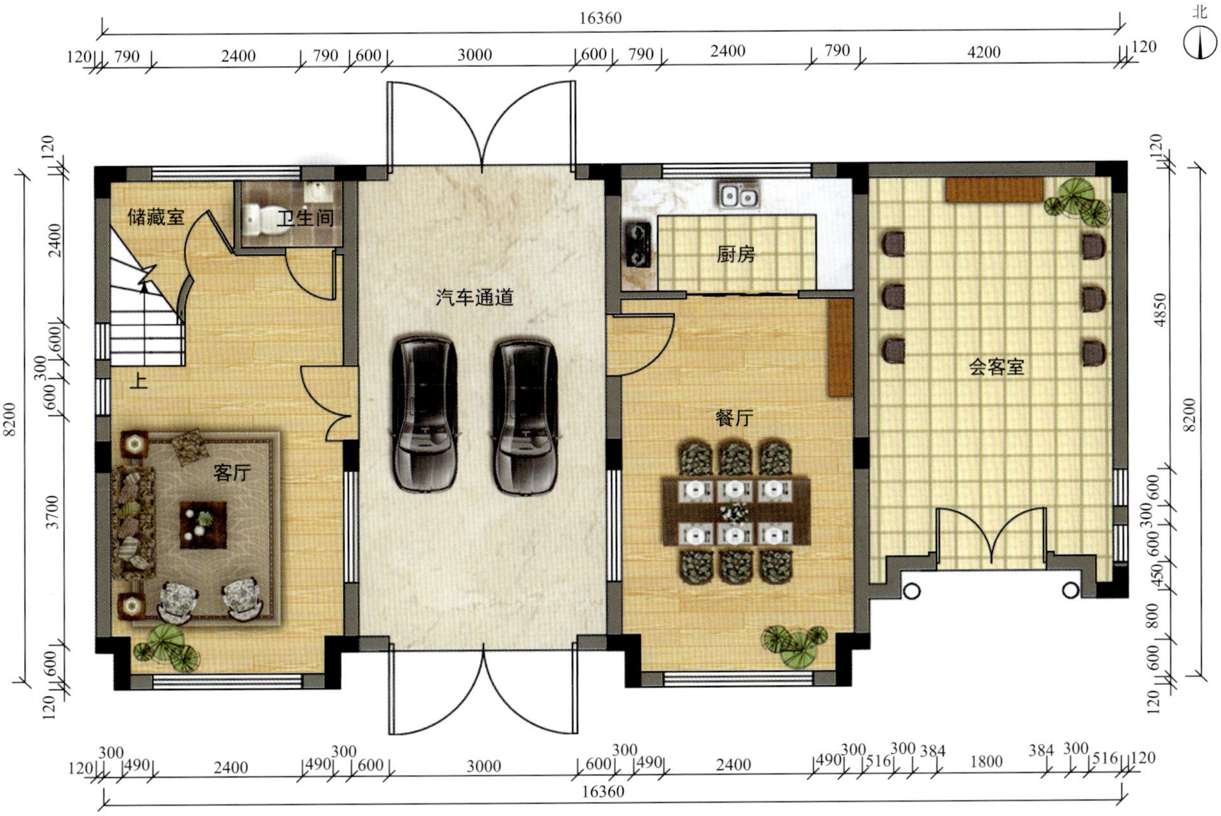

一层平面图（129.81m²）

二层平面图（102.76m²）

方 案 6

图纸属性

层　数	二层	开　间	12.30m
进　深	13.50m	建筑面积	250.43m^2

东

南

外观简介

别墅整体造型简洁，但通过错落凹凸的形态体现出层次感；弧形外廊的车库与顶层的弧形窗则增添了欧式风格特有的典雅之感。

布局简介

此户型适合两代人共同居住，一层为家中老人的活动区域，八人圆形餐桌为一家人团聚就餐带来了圆融之感；二层主要为儿子和女儿的卧室，并分别加入了书房和梳妆的使用功能。

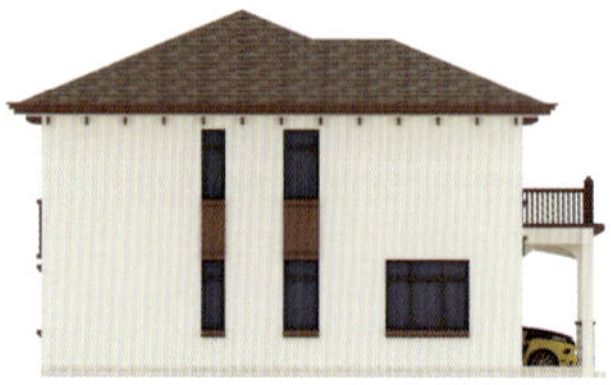

西

北

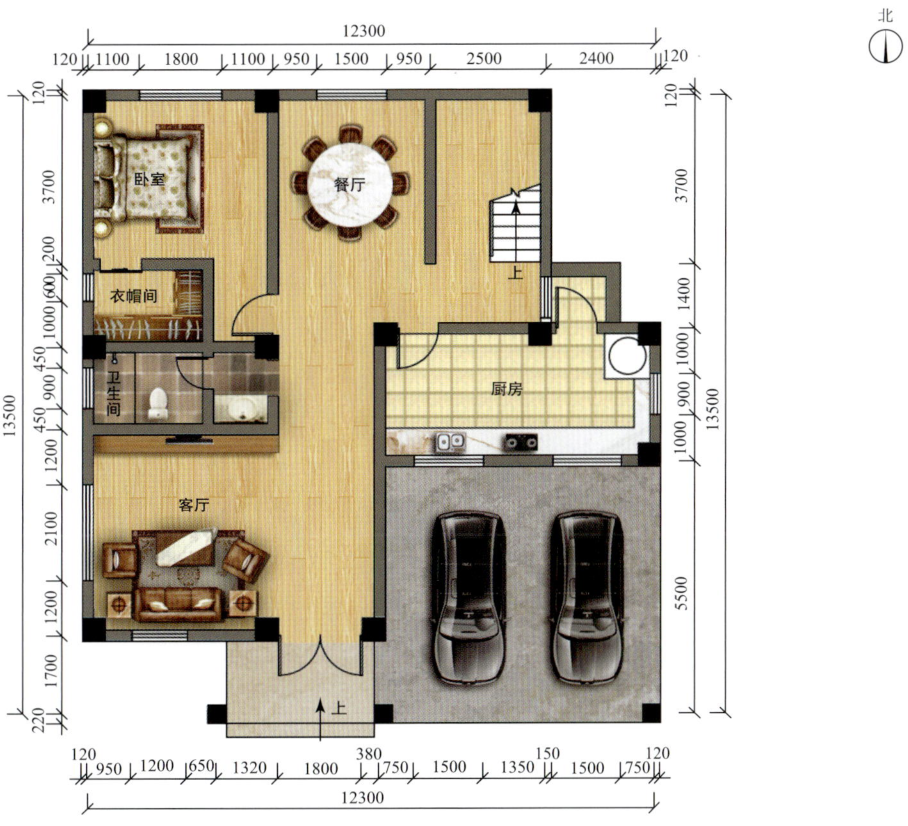

一层平面图（135.54m^2）

二层平面图（114.89m^2）

方案 7

图纸属性

层　数	二层	开　间	13.80m
进　深	9.80m	建筑面积	250.90m^2

外观简介

这栋别墅整体设计凹凸有致，门楼与门廊相连迂回婉转，呈现出很好的入户仪式感。外墙用仿木纹真石漆涂刷，美观、时尚，外置阳台和转角窗则带来了良好的采光。

布局简介

户型布局方正、合理，每个功能空间的面积均比较大，使用起来十分便捷。

一层平面图（130.59m²）

二层平面图（120.31m²）

方 案 8

东

西

图纸属性

层　数	二层	**开　间**	12.00m
进　深	11.70m	**建筑面积**	253.82m^2

外观简介

建筑外观以红、黄两色为主，加入设计了罗马柱的入户平台，以及坡屋顶，为建筑增加了独特的风情，欧式小洋楼的特点展露无遗。

布局简介

一层将卧室统一设计在户型的左侧，其他部分均为开放式设计，整体效果十分通透、开阔；二层为休息空间，同时连接露台，增加了观景休闲之处。

南

北

一层平面图（140.07m²）

二层平面图（113.75m²）

方 案 9

图纸属性

层　数	二层	开　间	9.78m
进　深	12.80m	建筑面积	253.99m^2

外观简介

别墅外观朴素、自然，结构整体比较方正。坡屋顶与窗檐、雨篷、墙裙采用统一色系、不同材质，令别墅外观既协调，又通过不同材质做了区域划分。

布局简介

户型设计在满足居住需要的同时，注重了起居生活、茶室、棋牌室的设计，以丰富主人一家的居家时光。二层卧室全部配有独立卫生间，私密性好，优化了居住体验。

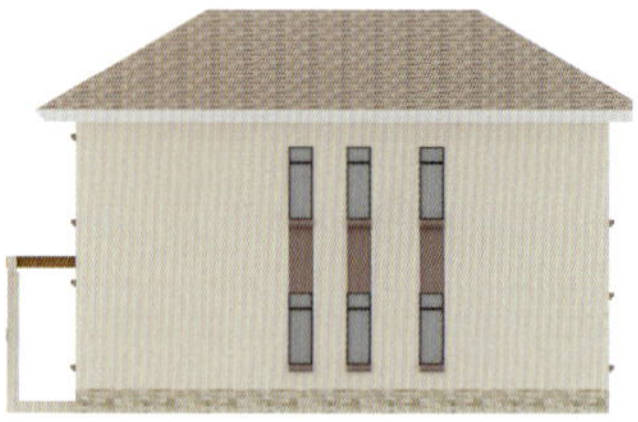

东

南

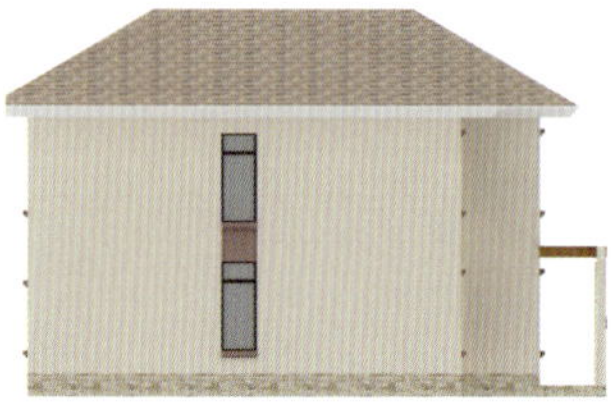

西

北

一层平面图（128.21m²）

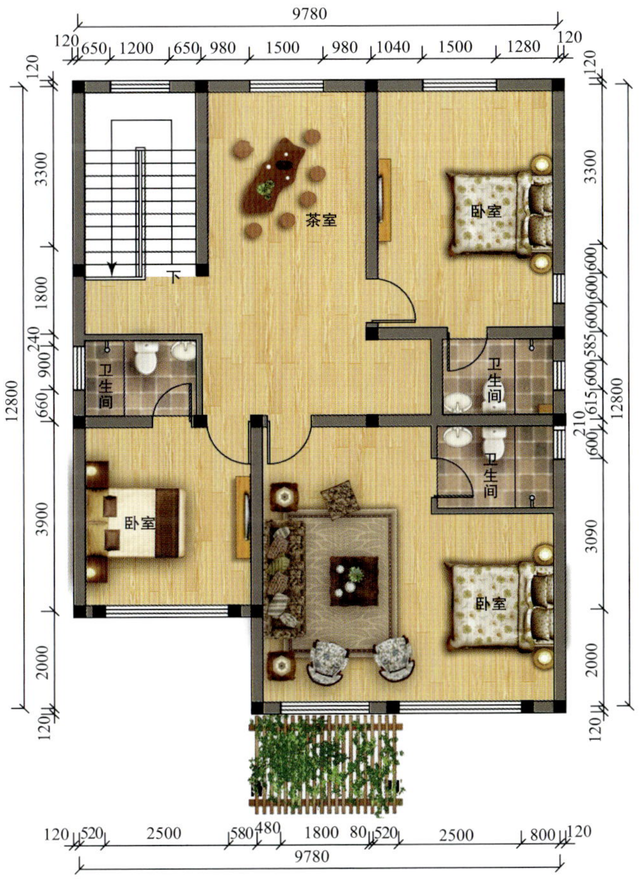

二层平面图（125.78m²）

方案 10

图纸属性

层　数	二层	开　间	12.80m
进　深	11.50m	建筑面积	255.20m^2

外观简介

别墅外观的用材大面积为深浅不一的黄色真石漆，给人带来温暖、舒适的观感，深灰色的琉璃瓦屋顶则为建筑带来了沉稳感。

布局简介

此户型一层设有门厅，对屋内的空间起到了阻隔作用；二层的空间设计非常人性化，除了休憩空间，还设有书房和小客厅；另外，露台处给家中的宠物也留有使用空间。

东

南

西

北

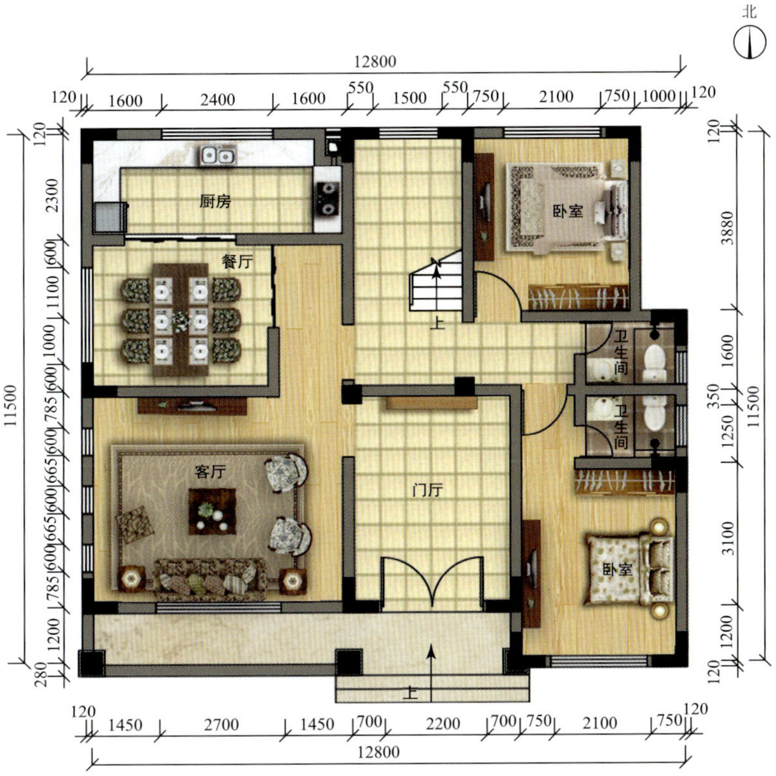

一层平面图（$143.50m^2$）

二层平面图（$111.70m^2$）

方 案 11

图纸属性

层　数	二层	开　间	15.30m
进　深	13.00m	建筑面积	271.47m^2

外观简介

建筑外墙大面积采用浅黄色的真石漆涂刷，局部为文化石铺贴装饰，屋顶则运用了鲜亮的红色，整个建筑的层次感突出，是一套风格独特的自建别墅。

布局简介

一层客厅加入了壁炉的设计，既具有装饰性，也适合冬季取暖使用；二层除了卧室之外，单独辟出起居室，丰富空间的使用功能。

东

南

西

北

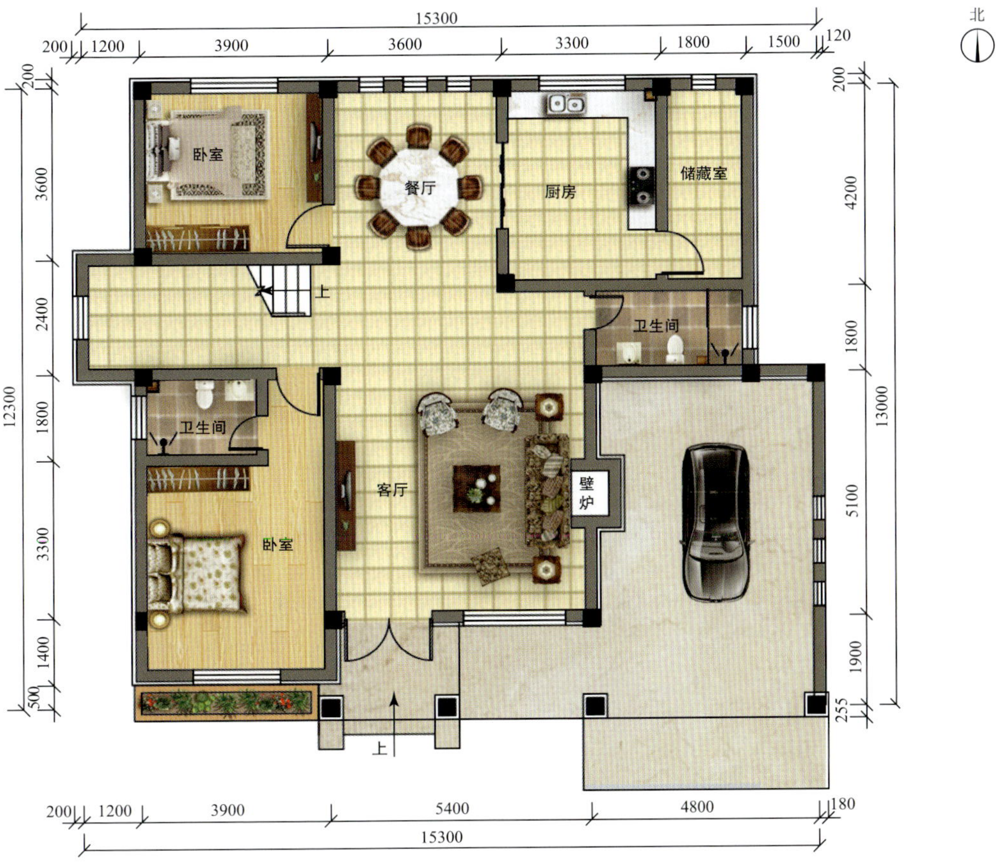

一层平面图（153.44m^2）

二层平面图（118.03m^2）

方 案 12

图纸属性

层　　数	二层	开　　间	12.76m
进　　深	11.76m	建筑面积	280.45m^2

外观简介

建筑外廊运用圆拱形进行装点，欧式风情浓郁。此外，建筑用色抢眼，蓝黄搭配形成对比，效果鲜明，底部的青绿色文化石做了色彩的中和，令建筑配色看起来更加舒适。

布局简介

一层留有了大面积的门厅，并在客厅和餐厅处设计了隔断，令室内外空间有个过渡，保证了不同空间的私密性。二层的空间功能丰富，休憩、娱乐兼顾。

东

南

西

北

一层平面图（143.95m²）

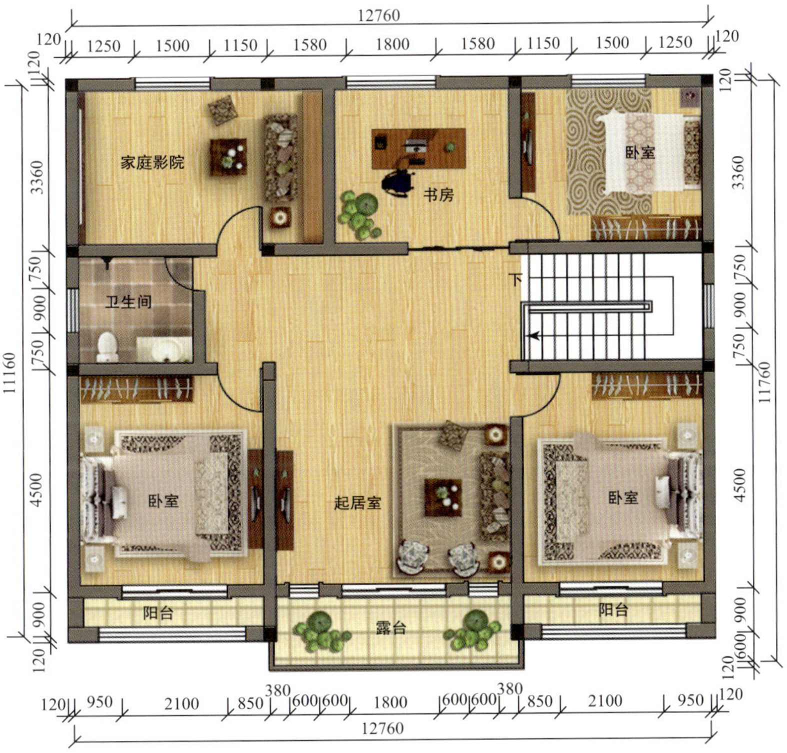

二层平面图（136.50m²）

方 案 13

图纸属性

层　数	二层	开　间	13.00m
进　深	14.31m	建筑面积	292.97m^2

东

西

外观简介

双层的圆拱形大门既美观又大气，墙体下半部分为文化石，上半部分采用米黄色丙烯酸漆涂料涂刷墙体，再搭配红色的坡屋顶，使得整栋别墅美观大气又有活力。

布局简介

一层、二层的空间设计较为简洁，以卧室为主，可满足居住者的使用需求。扇形的楼梯为整体空间增添了设计感。

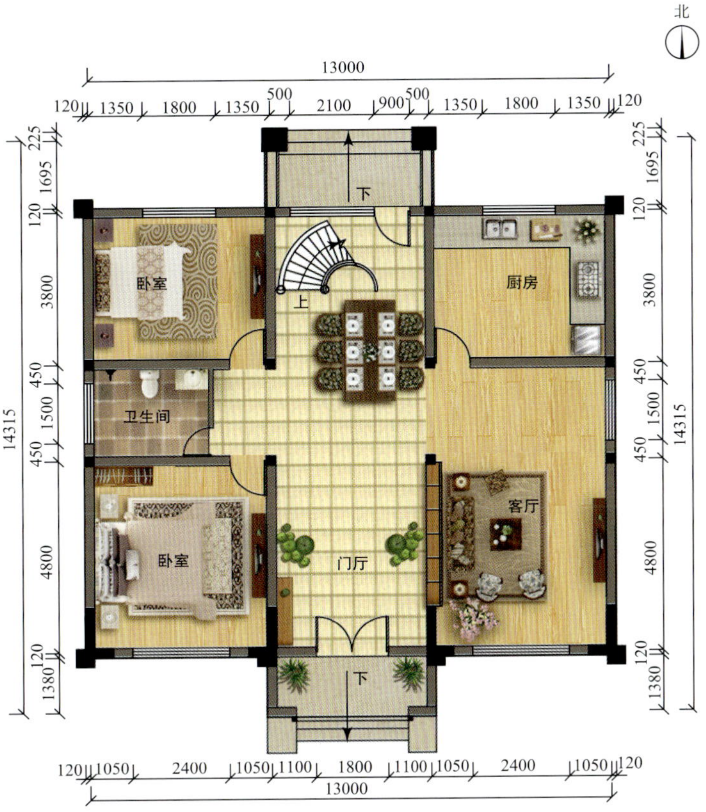

一层平面图（156.07m²）

南

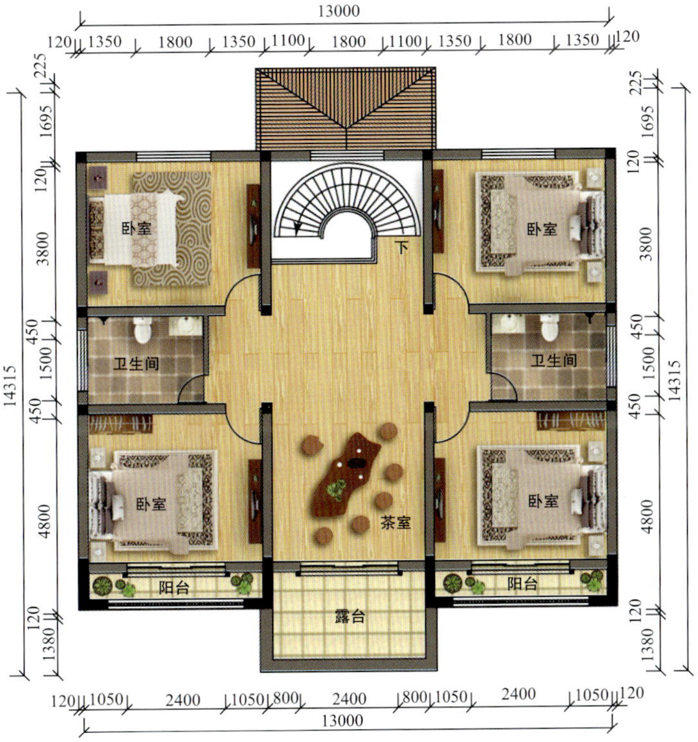

二层平面图（136.90m²）

北

方案 14

图纸属性

层　数	二层	开　间	15.00m
进　深	15.00m	建筑面积	318.87m^2

外观简介

两层高的小别墅造型别致，给人一种森林小屋的感觉。大面积的欧式造型窗，带来良好采光的同时，也为建筑增色不少。

布局简介

此户型中设计的储藏空间较多，可以对家中的杂物进行合理收纳。同时，在一层的卫生间附近专门设计了储藏室，整体户型分区合理又精细。

一层平面图（201.19m²）

二层平面图（117.68m²）

方 案 15

图纸属性

层　数	二层	开　间	15.60m
进　深	15.15m	建筑面积	352.58m^2

外观简介

建筑整体为欧式风格，立面选择仿石面砖配合文化石展现不同层次。底部的文化石可保护墙体，并为建筑增加稳重感。

布局简介

一层设有门厅，为入户提供了过渡空间；客厅为挑高式，视野开阔，使用起来也比较舒适；卧室集中在二层，私密性强。

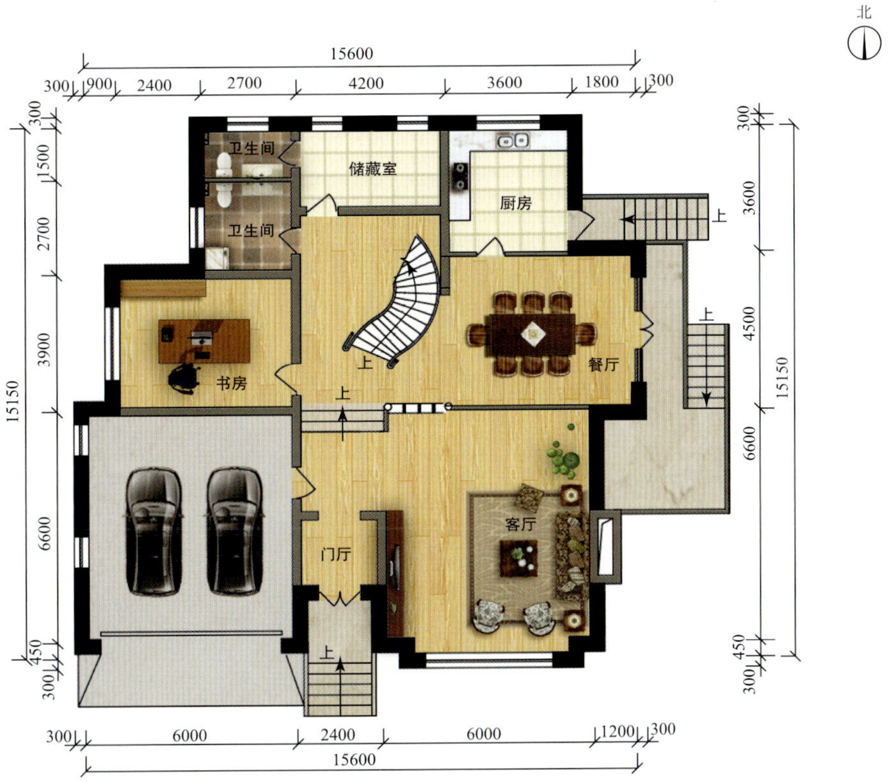

一层平面图（216.75m²）

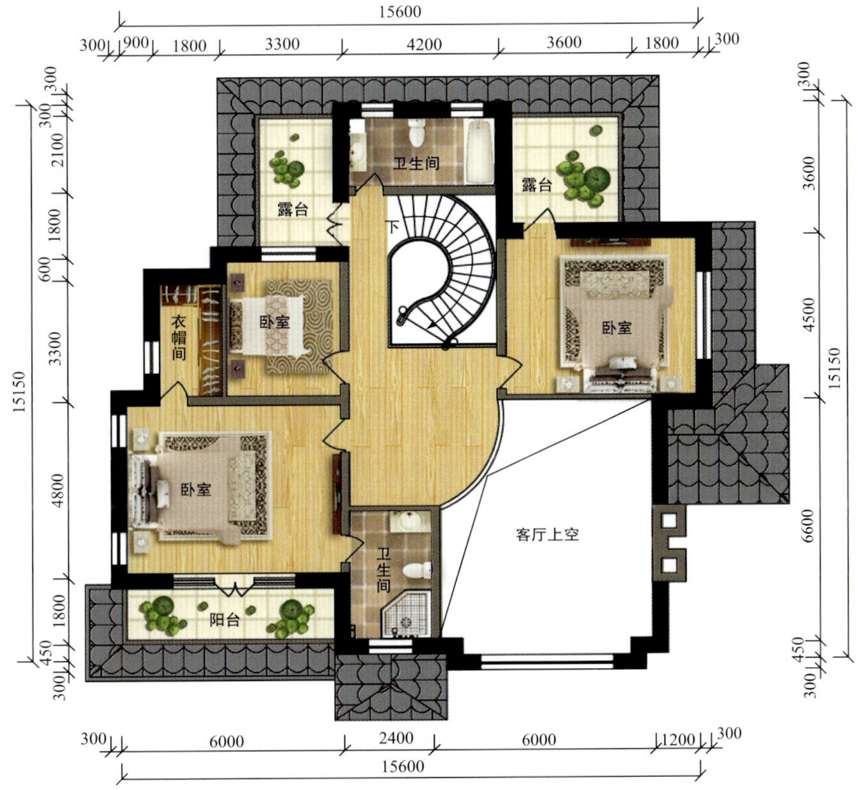

二层平面图（135.83m²）

方案 16

东

西

图纸属性

层　　数	二层	**开　　间**	15.00m
进　　深	12.60m	**建筑面积**	353.03m^2

外观简介

红色的屋顶搭配米灰色的建筑外墙，是十分经典的欧式风格建筑配色。大窗型和欧式门套的设计，则加强了整个建筑的欧式风格特征。

布局简介

挑空的客厅大气、通透，带来舒适的居住体验。户型两层的功能分区明确且齐备，是一种非常适合居住的户型设计。

一层平面图（179.37m^2）

南

北

二层平面图（173.66m^2）

方 案 17

图纸属性

层　　数	二层	开　　间	13.20m
进　　深	19.50m	建筑面积	362.26m^2

外观简介

此建筑窗户和门廊均运用了大量的圆拱形，欧式风情浓郁。三角形的顶面与圆拱形形成对比，令建筑显得造型十足。

布局简介

空间整体平面布局紧凑、功能分区合理，房间尺度设计适宜，空间利用率高。挑高的客厅起到了延展视线的作用，也使空间显得更加大气。

一层平面图（205.91m^2）

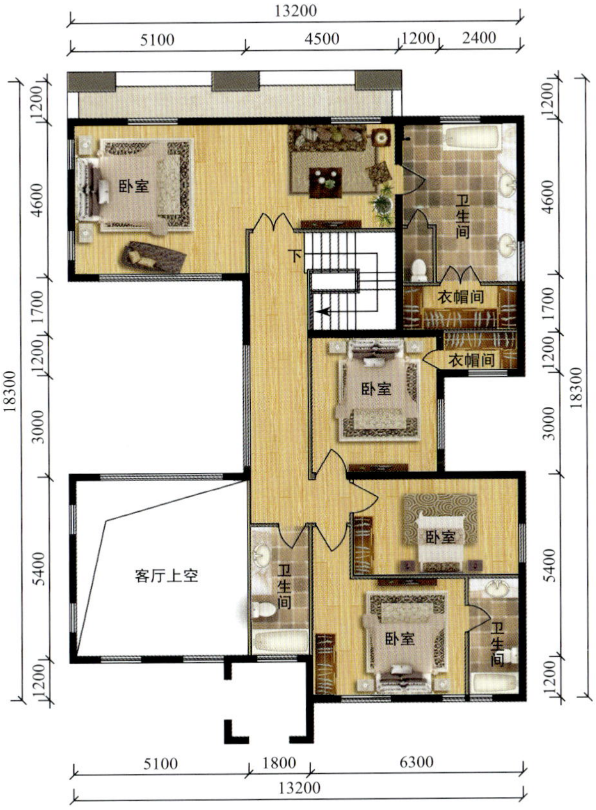

二层平面图（156.35m^2）

方案 18

图纸属性

层　数	二层	开　间	13.80m
进　深	14.25m	建筑面积	388.40m^2

外观简介

建筑外观错落有致，极具视觉变化，三角形的坡屋顶不会积攒雨水，有效防渗漏。红砖与文化石搭配的材质，令建筑具有原始之美。

布局简介

客厅、餐厅和厨房位于一条直线上，使用便捷；二层卧室布局紧凑，合理利用空间。两层都设有阳台、露台，适合晾晒，也适合打造室内小花园。

一层平面图（204.17m²）

二层平面图（184.23m²）

方案 19

图纸属性

层　数	二层	开　间	16.50m
进　深	15.02m	建筑面积	414.79m^2

外观简介

别墅的外观布局为对称式，给人带来大气恢弘、沉稳殷实之感。拱门、简化线条的罗马柱作为墙面外观的点缀，为整栋建筑增添了精致感。

布局简介

一层门厅、客厅、餐厅相连，开放式设计增加了视觉开阔度。二层以家人的起居室、卧室展开布置，南向房间设计阳台，提高了居住舒适度。

东

南

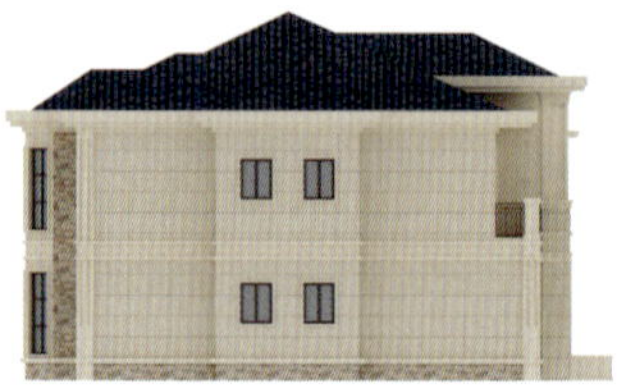

西

北

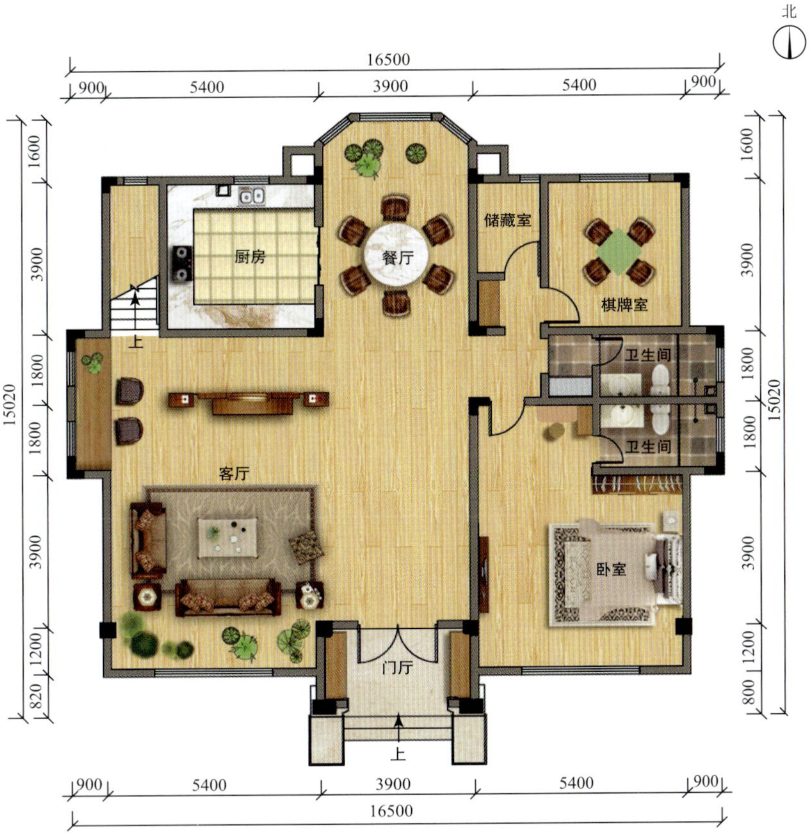

一层平面图（213.19m²）

二层平面图（201.60m²）

方 案 20

图纸属性

层　　数	二层	开　　间	17.20m
进　　深	12.60m	建筑面积	419.41m^2

外观简介

建筑设双层大门厅，拱形结构的入户效果很美观；大窗型和八角窗的设计也是当下的流行样式，精美的窗套结构很有设计感。

布局简介

扇形的楼梯造型感极强，为家中注入了品质感。棋牌室和家庭影院等娱乐空间齐全，为家人的生活带来乐趣。

东

西

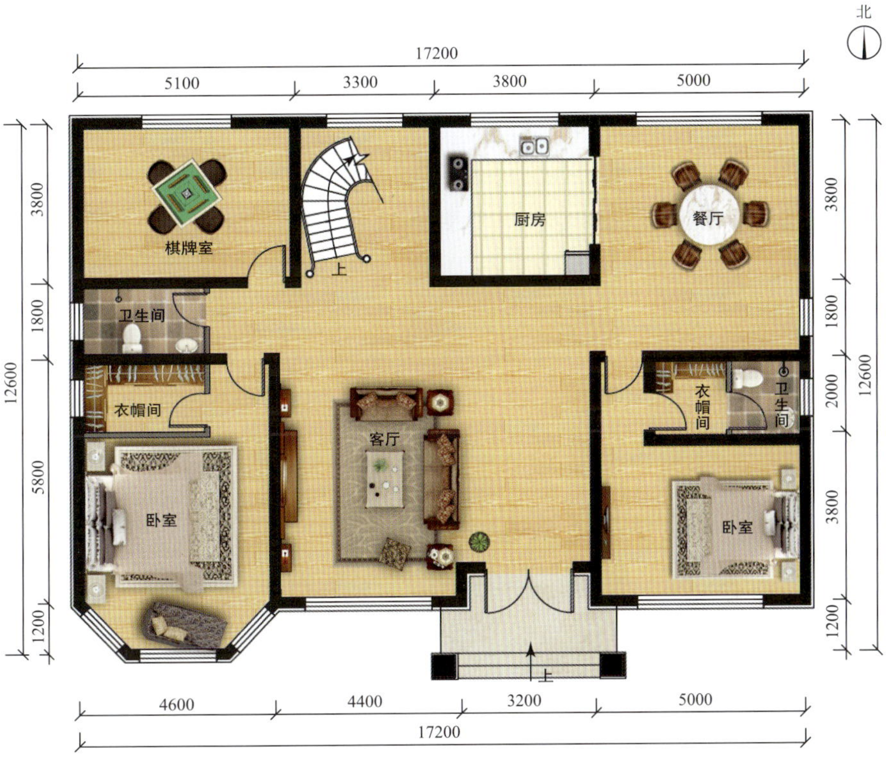

一层平面图（250.29m²）

南

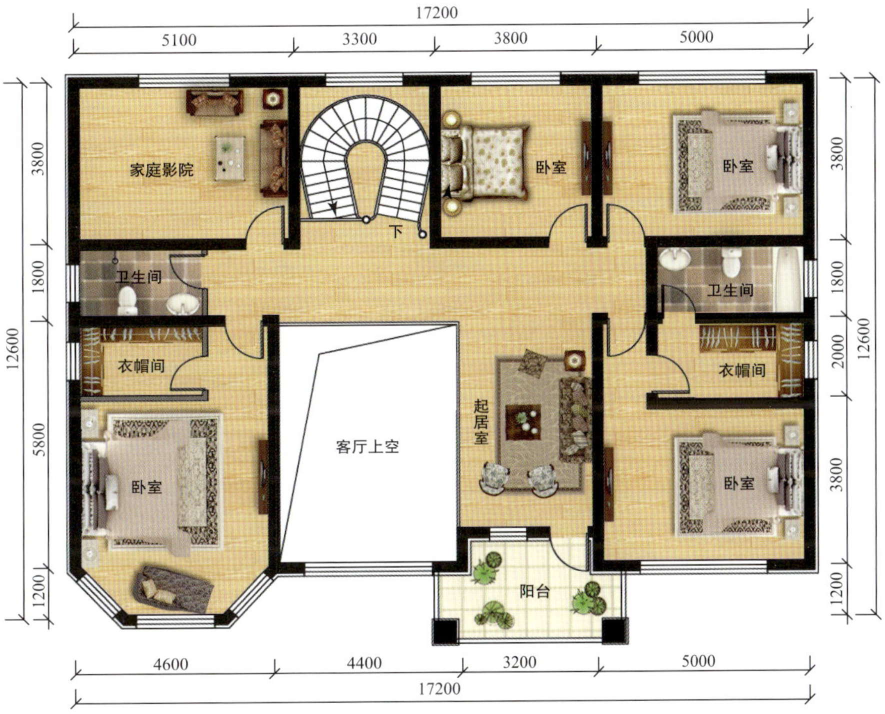

二层平面图（169.12m²）

北

方 案 21

图纸属性

层　数	二层	开　间	21.60m
进　深	12.60m	建筑面积	497.46m^2

外观简介

别墅外观呈对称设计，给人一种工整之美。二层的栏杆具有浓郁的欧式风情，加强了整栋建筑的风格特征。

布局简介

一、二层的空间布局类似，仅根据使用需求做了简单的调整，这样的设计节约预算，且空间利用率极高。

东

南

西

北

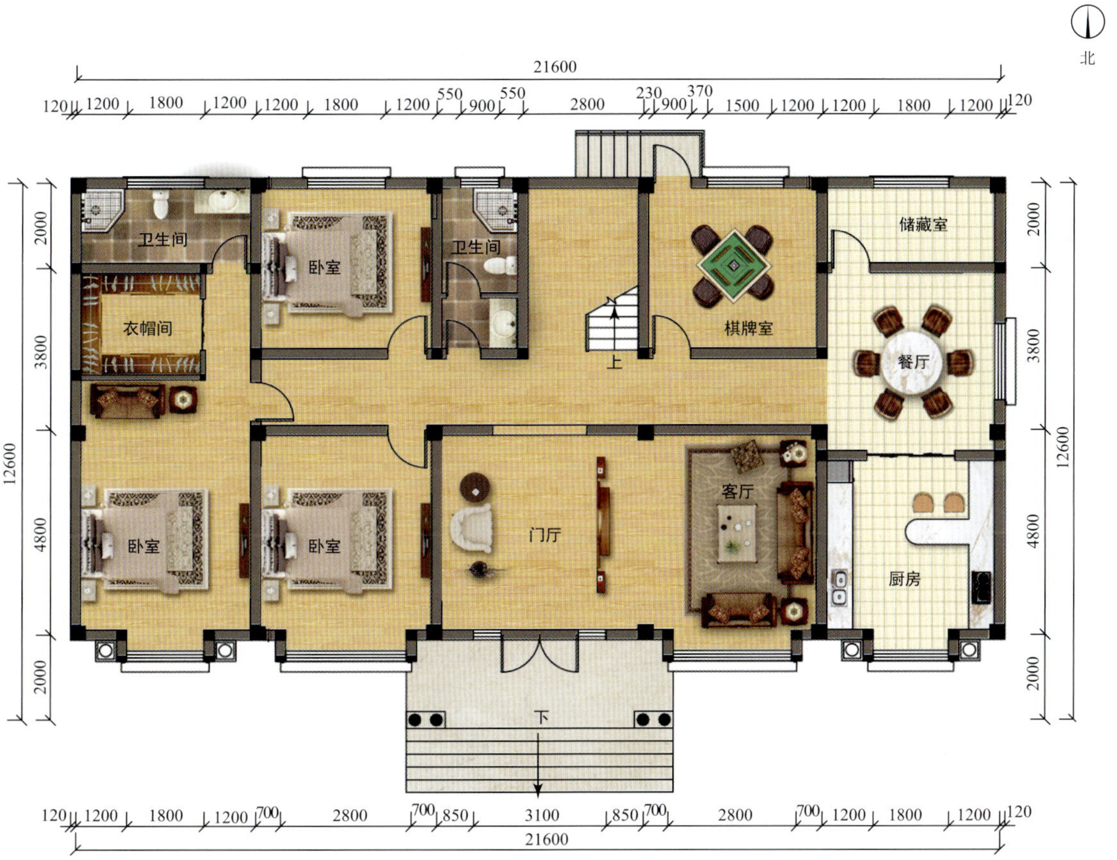

一层平面图（249.78m²）

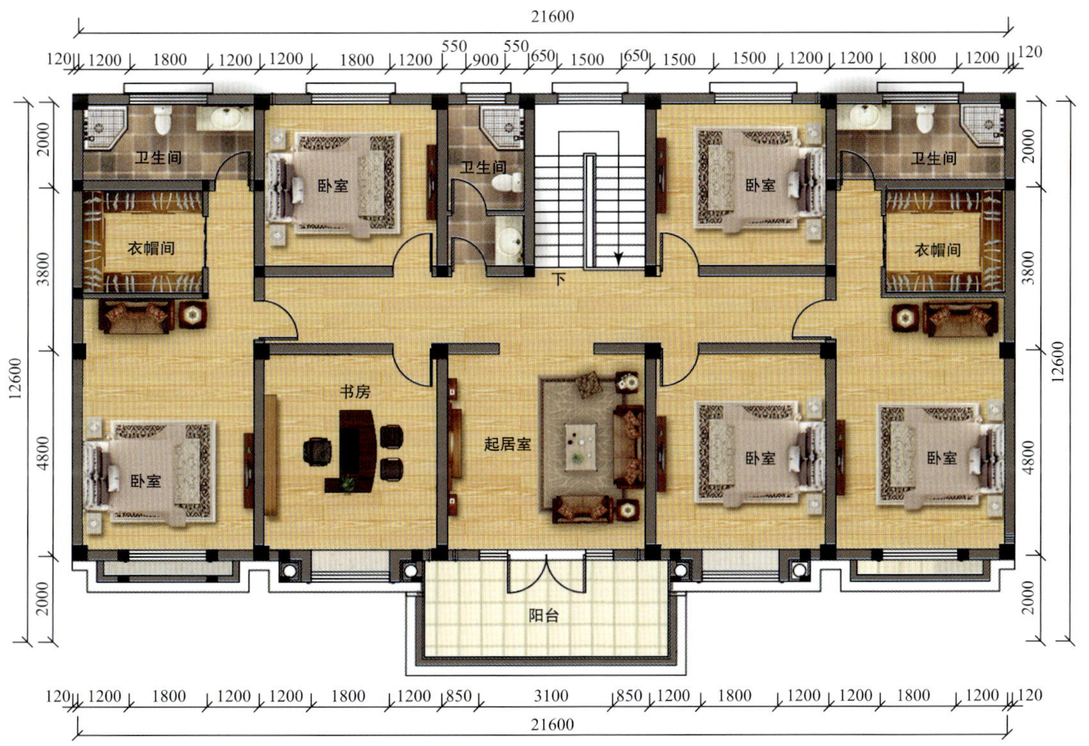

二层平面图（247.68m²）

方 案 22

图纸属性

层 数	三层	开 间	9.00m
进 深	9.00m	建筑面积	275.07m^2

外观简介

此户型的欧式韵味浓郁，细节设计到位。无论是大面积的圆拱形落地窗，还是随处可见的欧式罗马柱装饰，均充满了视觉吸引力。

布局简介

挑空的客厅大气、通透，带来良好的居住体验。七间卧室的设计，既可以满足居住者日常使用，又方便亲朋留宿。

东

南

西

北

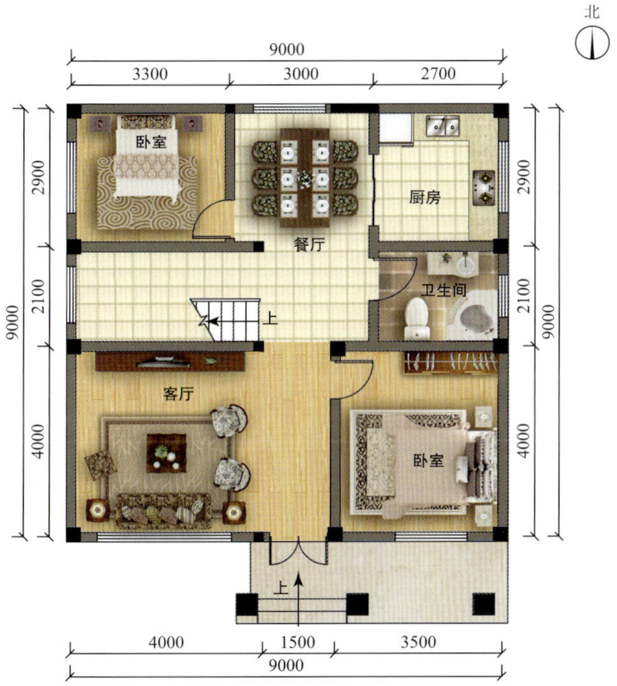

一层平面图（114.35m²）

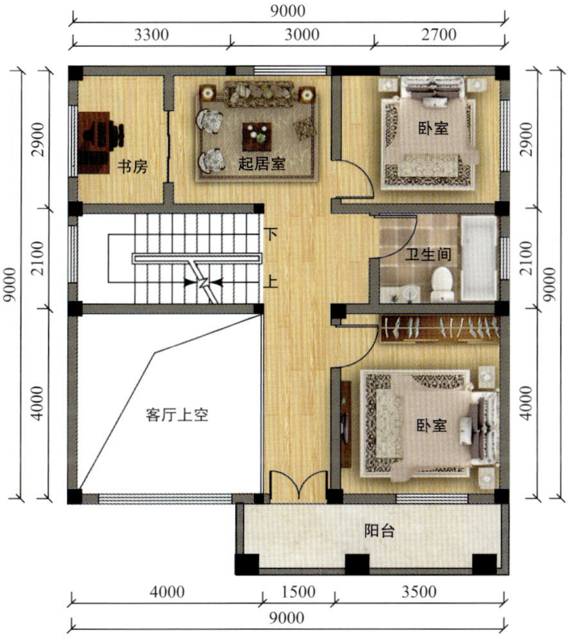

二层平面图（76.81m²）

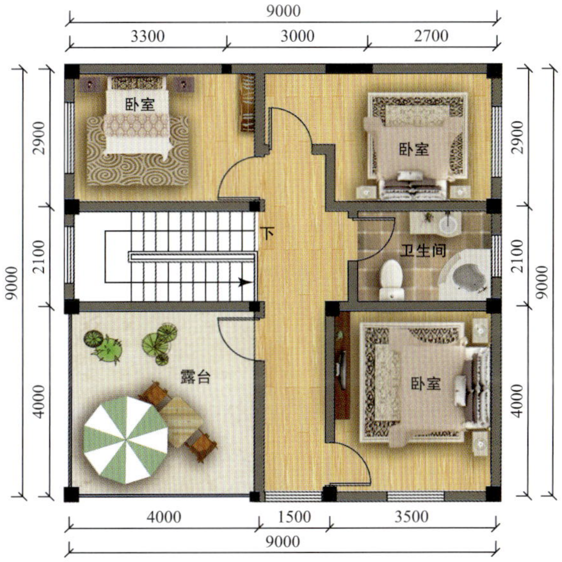

三层平面图（83.91m²）

方 案 23

图纸属性

层　　数	三层	开　　间	9.80m
进　　深	9.80m	建筑面积	278.84m^2

外观简介

别墅为简欧式的三层别墅，虽为欧式，但线条元素极为精简，既保留了欧式的特点，又不会增加施工难度和预算。

布局简介

一层的挑空客厅大气通透，视野开阔；二层、三层分别设有卧室和套房，面积宽敞，居住体验感好。三层主卧带有书房，在书房顶设置了平顶露台便于放置水塔，满足了业主提出的特殊需求。

东

南

西

北

一层平面图（98.61m²）

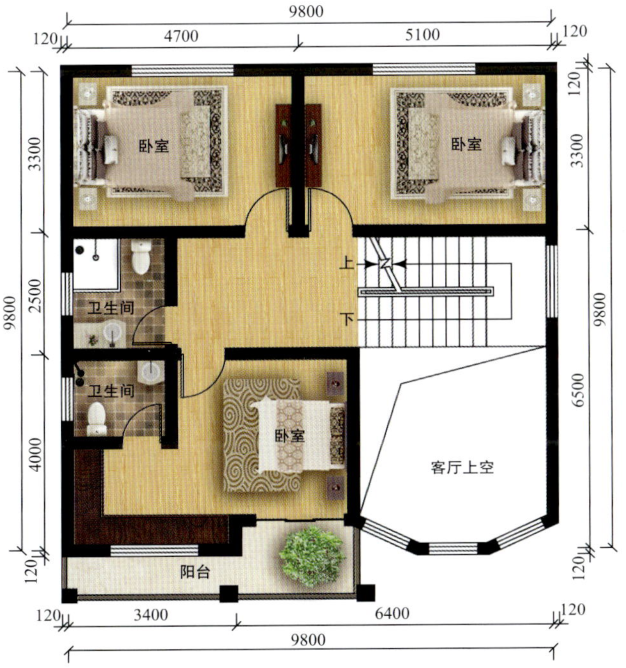

二层平面图（98.61m²）

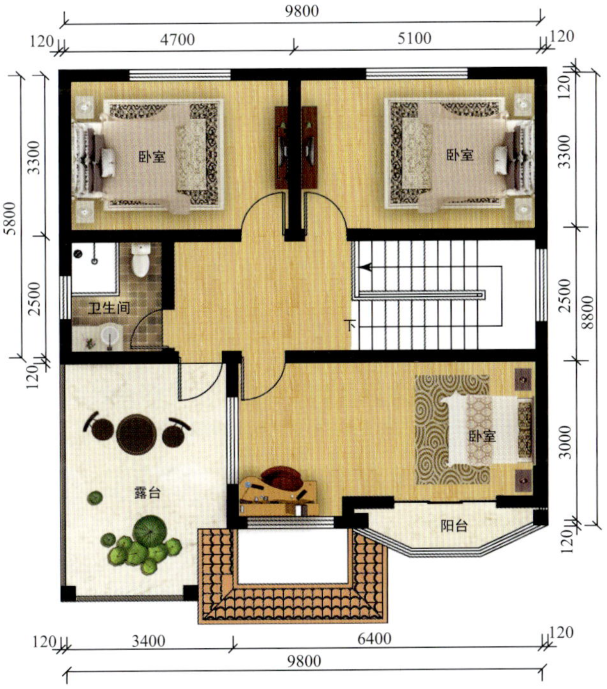

三层平面图（81.62m²）

方 案 24

图纸属性

层　数	三层	开　间	15.85m
进　深	8.00m	建筑面积	283.00m^2

东

南

外观简介

建筑采用平屋顶，为了增加整体层次感，二层设计了外廊和露台，三层则加入了斜面设计，高低起伏的变化让造型更加出彩。

布局简介

一层的户型非常考究，老人房配有独立卫生间；二层主要为卧室；三层则设置了大面积的休闲区，提供娱乐空间。此外，户型中设计大量的露台，走上露台，视野十分开阔。

西

北

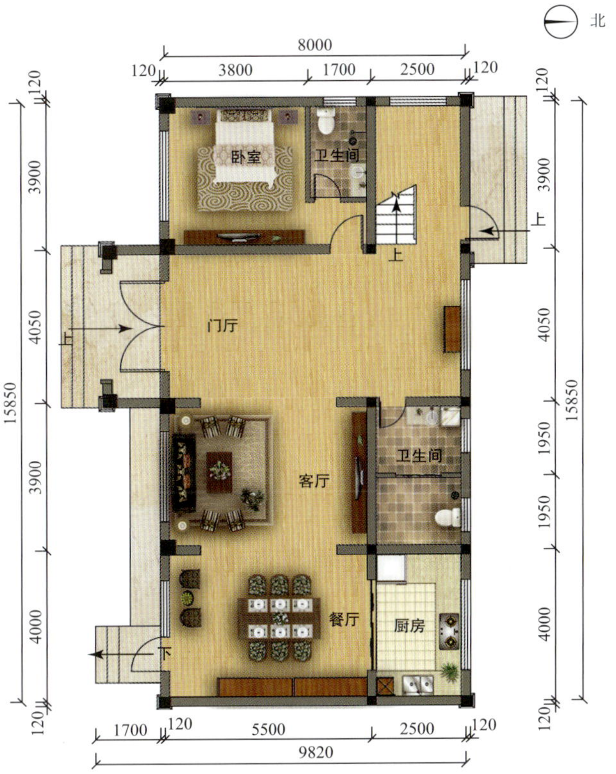

一层平面图（138.00m²）

二层平面图（93.00m²）

三层平面图（52.00m²）

方案 25

东

南

图纸属性

层　数	三层	开　间	12.00m
进　深	8.50m	建筑面积	283.96m^2

外观简介

青黄色的建筑外观搭配蓝釉色坡屋顶使得别墅沉稳、美观又时尚。整体多窗的设计很好保证了室内的采光与通风。

布局简介

本方案共设有 7 个卧室，居住空间充足，家庭聚会其乐融融。位于三层的大露台带来良好视线，适合在此远眺。

西

北

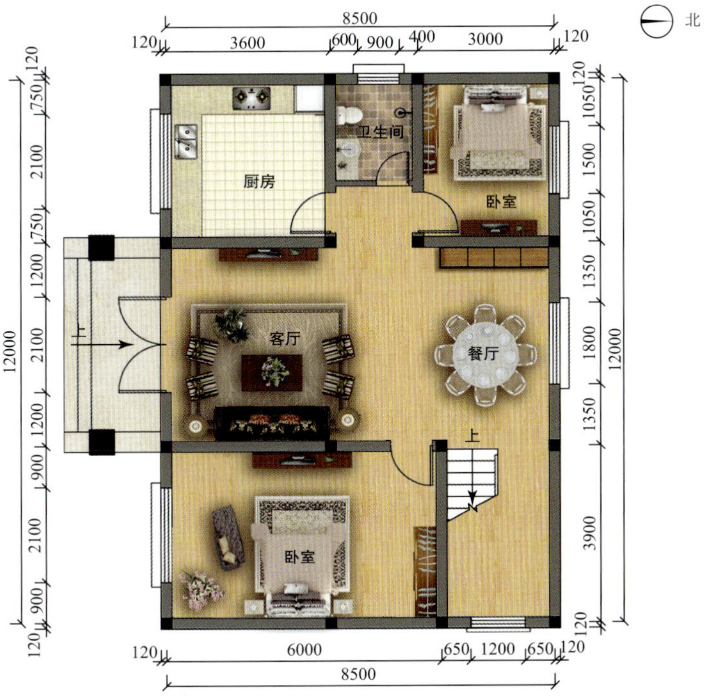

一层平面图（106.97m²）

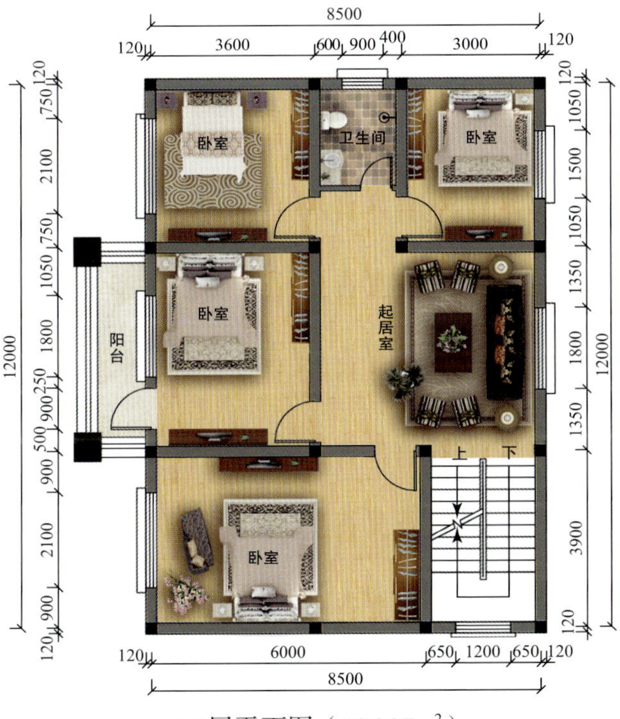

二层平面图（106.97m²）

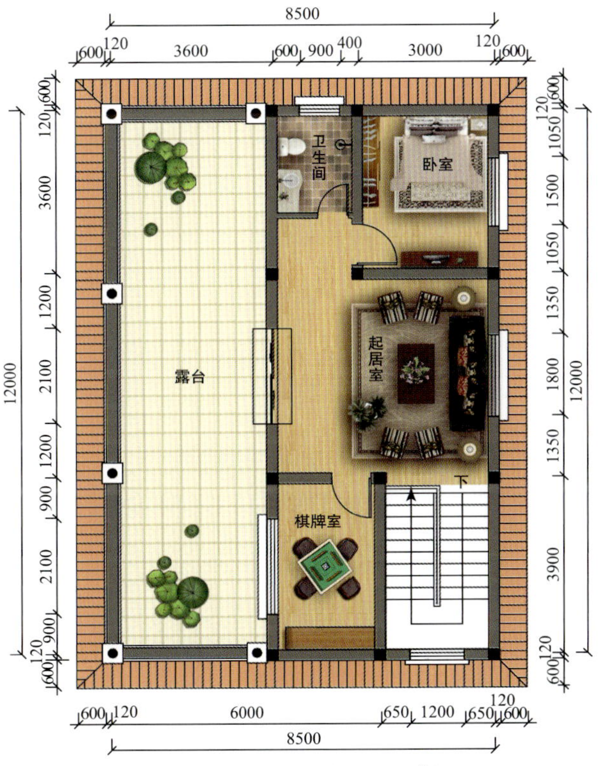

三层平面图（70.02m²）

方 案 26

图纸属性

层　数	三层	开　间	9.00m
进　深	10.30m	建筑面积	285.02m^2

外观简介

建筑中的欧式设计元素较多，拱形窗、简化线条的罗马柱，以及欧式雕花窗棂，均令建筑显得大气而精美。

布局简介

一层为常用的基本功能空间，二层和三层为睡眠区和衣帽间。整体布局分区合理，使用率高。

东

南

西

北

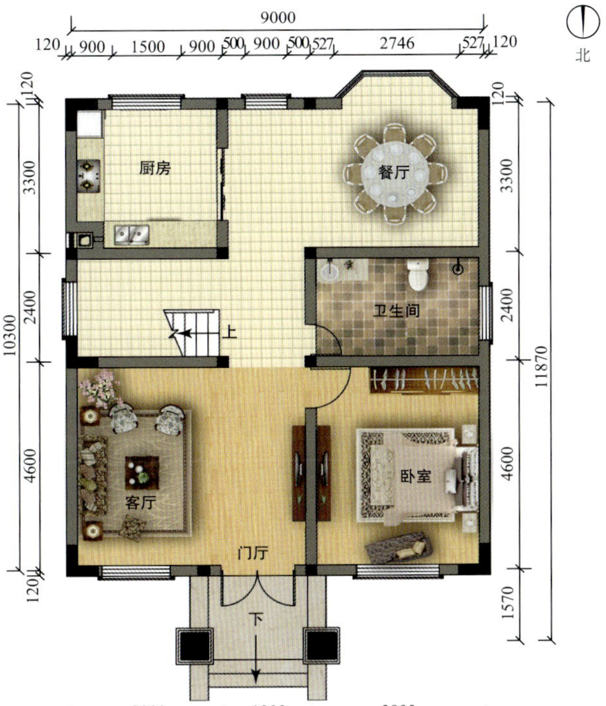

一层平面图（100.77m²）

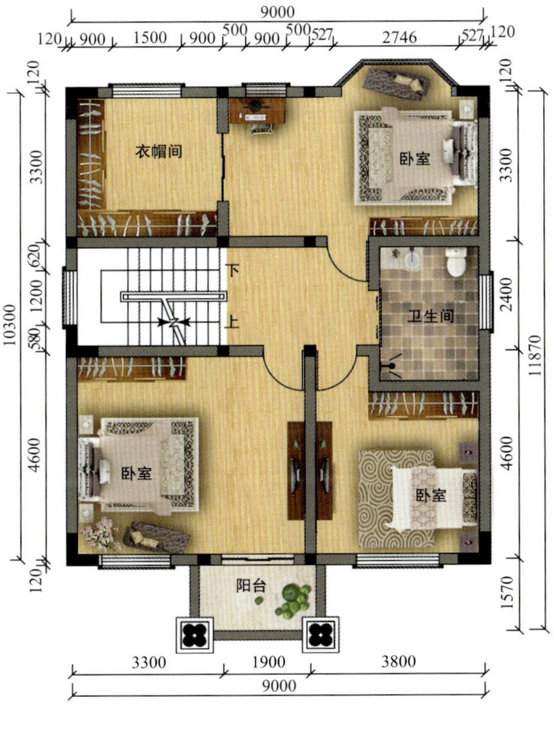

二层平面图（100.77m²）

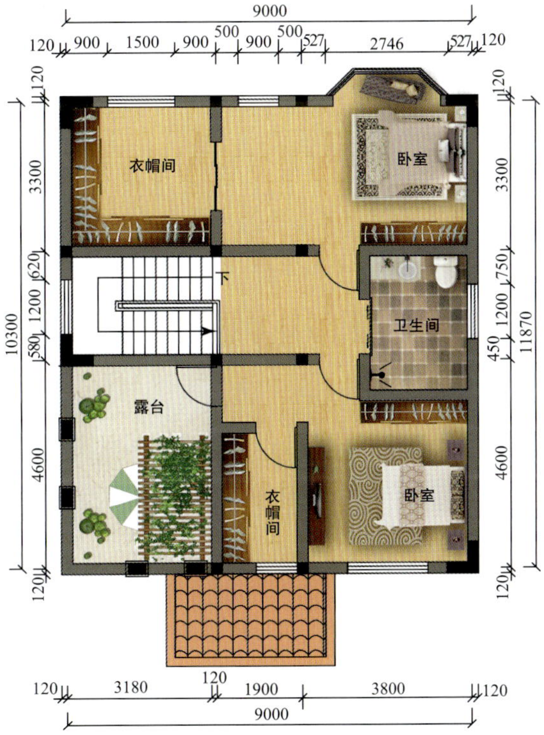

三层平面图（83.48m²）

方 案 27

东

南

西

北

图纸属性

层　数	三层	开　间	11.50m
进　深	11.80m	建筑面积	289.43m^2

外观简介

简约又复古的造型，以及罗马柱和坡屋顶，使别墅充满了欧式风情。饱和度较低的建筑配色，低调沉稳，具有安全感。

布局简介

一层主要为客厅、餐厅以及厨卫空间，二层和三层则以卧室居多。这样的户型设计，可以很好地区分居住者日常活动，合理且人性化。

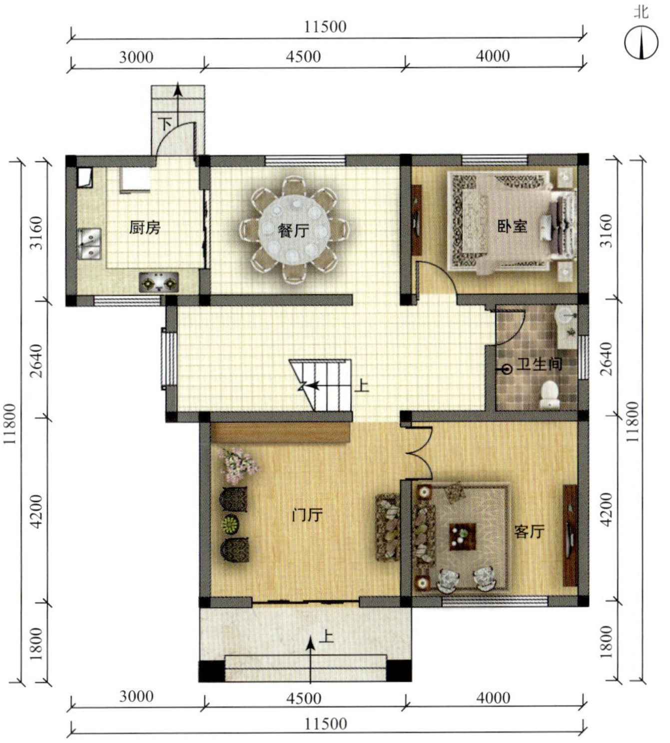

一层平面图（101.67m²）

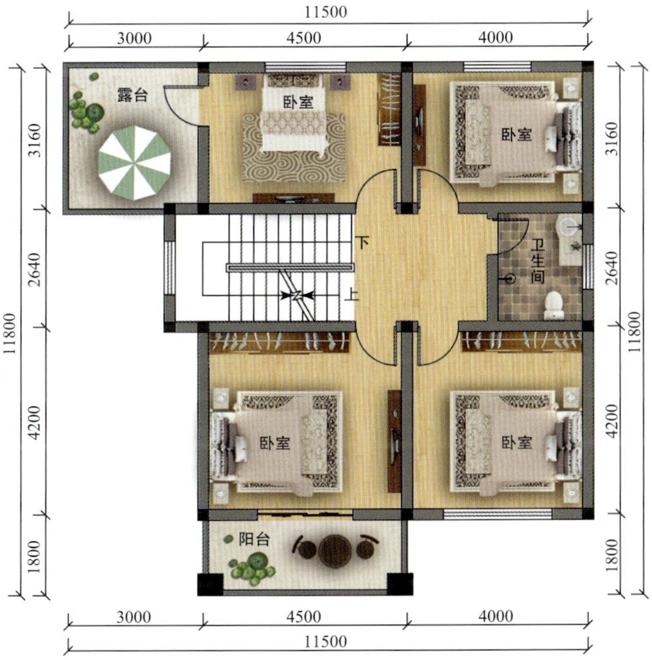

二层平面图（100.67m²）

三层平面图（87.09m²）

方案 28

图纸属性

层　数	三层	开　间	10.00m
进　深	11.00m	建筑面积	309.04m^2

外观简介

这是一套占地方正、宅地利用率高的三层别墅，外观采用二段式颜色搭配，浓郁的田园感传达着乡村富足悠然的生活状态。

布局简介

一层的户型布局独立性强，客厅、餐厅分开，各个空间互不干扰；二层的主人房是一个大套房，配备衣帽间以及干湿分离的卫生间，提升居住品质；三层设有健身房、棋牌室，丰富主人一家的娱乐生活。

东

南

西

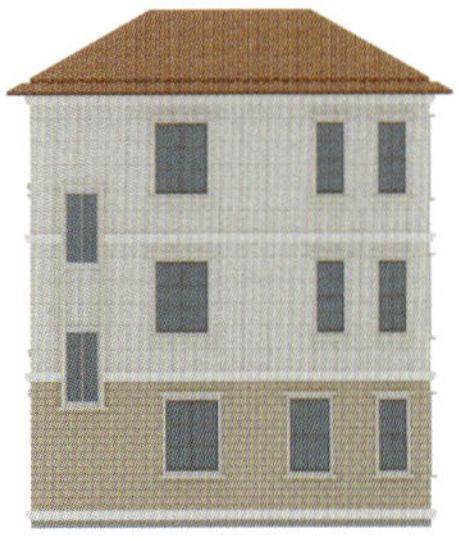

北

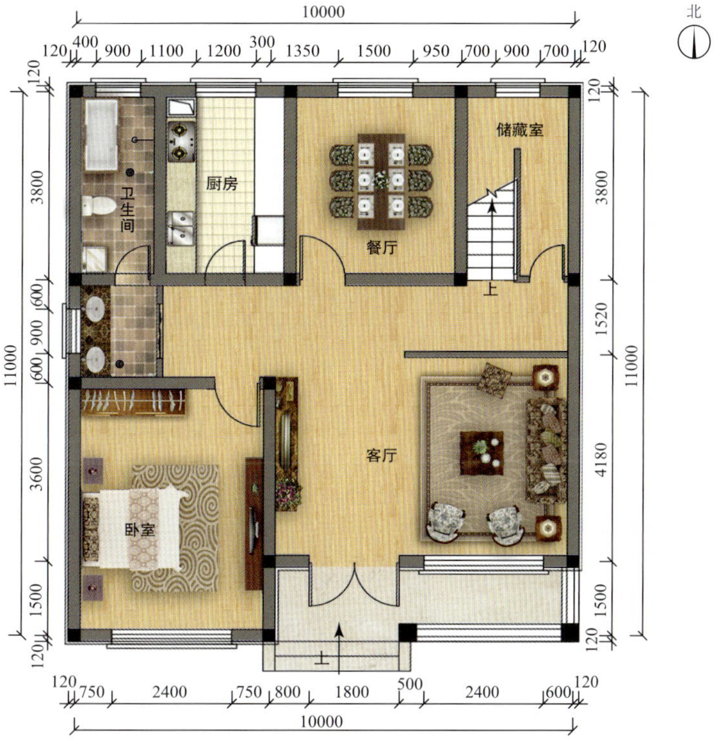

一层平面图（115.09m²）

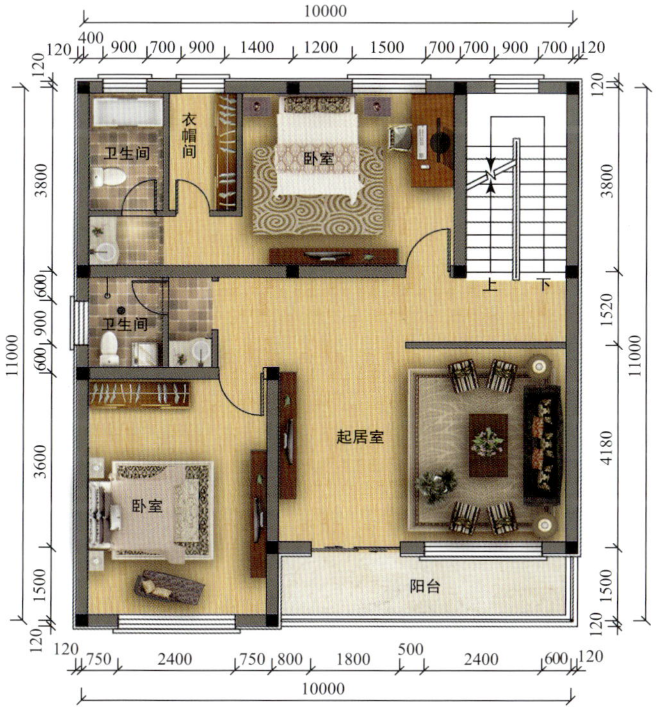

二层平面图（109.97m²）

三层平面图（83.98m²）

方案 29

图纸属性

层　数	三层	开　间	10.00m
进　深	10.00m	建筑面积	317.79m^2

外观简介

建筑中的八角窗和拱形落地窗，既时尚，又能带来良好的采光和通风。右侧利用罗马柱贯穿三层，搭配三角造型的屋顶，欧式风情浓郁。

布局简介

一、二层的功能空间布局合理，动线顺畅，使用便捷。书房设计在三层，最大限度地减少干扰，给居住者一个安静的阅读学习环境。

东

南

西

北

一层平面图（104.61m^2）

二层平面图（112.34m^2）

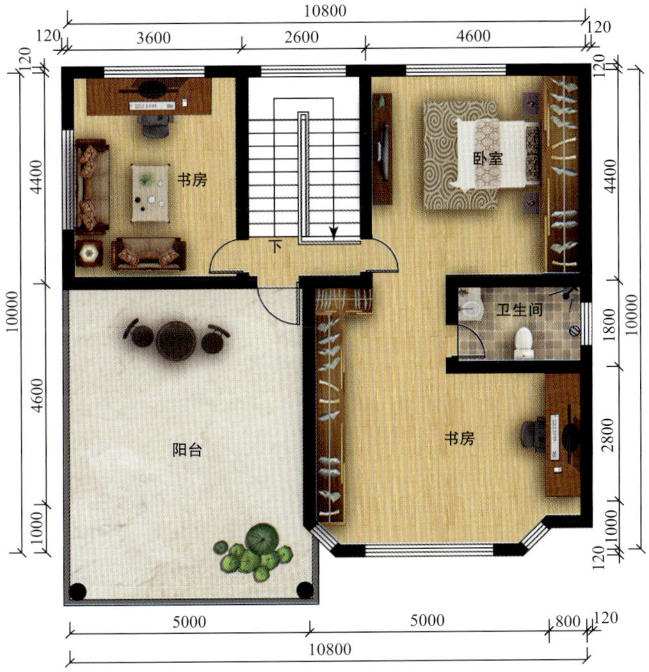

三层平面图（100.84m^2）

方 案 30

图纸属性

层　数	三层	开　间	12.00m
进　深	10.00m	建筑面积	330.00m^2

外观简介

建筑中的落地窗部分采用拱门做造型，通过造型的变化增强建筑整体的灵动感，并充分将阳光引入室内，延伸室内视觉，实现居住空间与自然空间的互通与融合。

布局简介

户型布局南北通透，功能空间布局合理。挑空客厅营造大气感，大面积的露台空间则为居室提供了休闲、放松的场地。

东

南

西

北

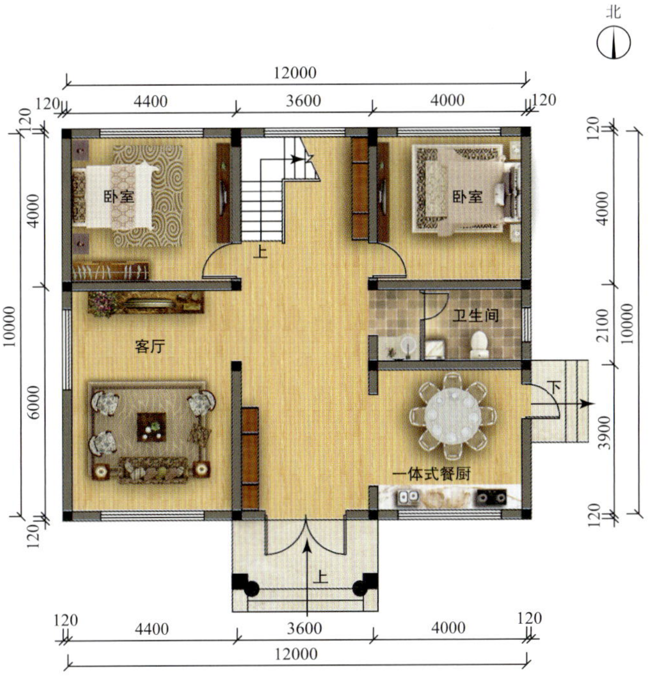

一层平面图（129.00m²）

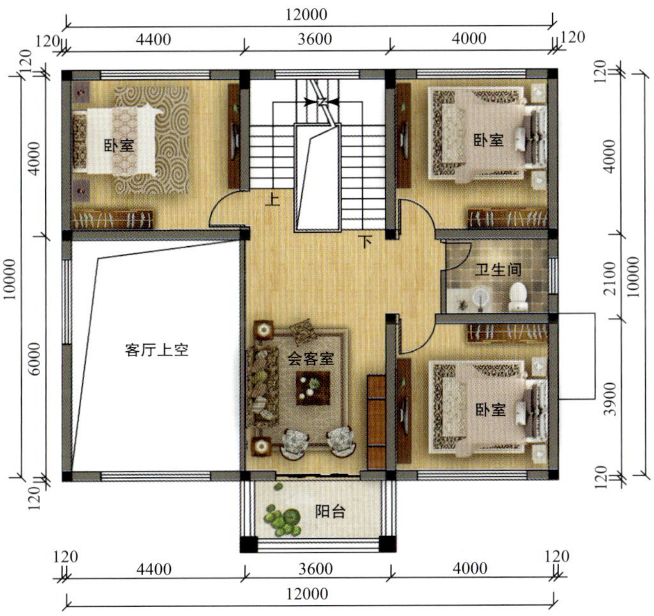

二层平面图（102.00m²）

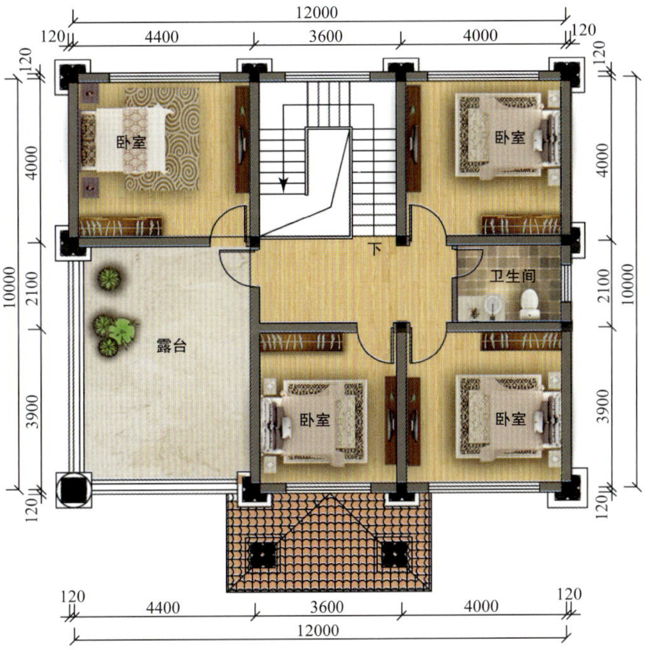

三层平面图（99.00m²）

方 案 31

图纸属性

层　　数	三层	开　　间	12.60m
进　　深	11.70m	建筑面积	355.92m^2

外观简介

建筑外观采用灰白色涂料涂刷，屋顶为深灰色，结合整体规整的造型，给人带来稳固的视感。

布局简介

别墅为三层，有更多的居住空间、更多的起居活动用房，全面满足大家庭多人口的居住需求，同时提升居住品质。

东

南

西

北

一层平面图（128.89m^2）

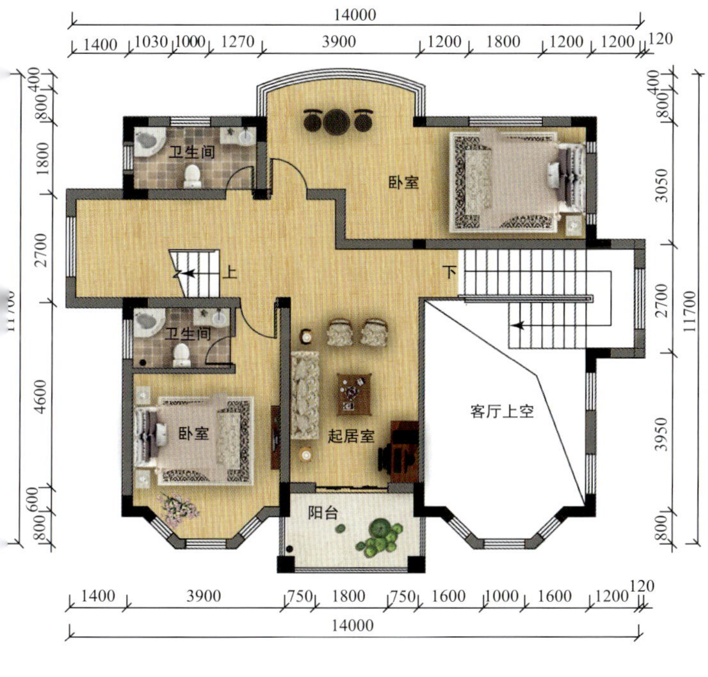

二层平面图（113.15m^2）

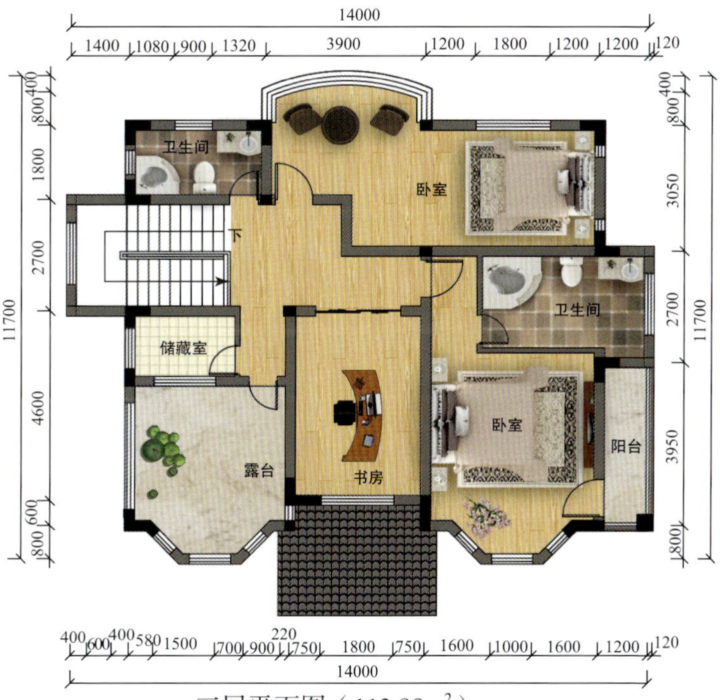

三层平面图（113.88m^2）

方 案 32

图纸属性

层　数	三层	**开　间**	11.10m
进　深	13.30m	**建筑面积**	356.73m^2

外观简介

建筑的入户拱门设计很有型，大落地窗造型气派，灰白色的真石漆外墙效果优雅，整体建筑的层次分明，引人注目。

布局简介

户型中设有挑空大客厅和大露台，整体呈现出开阔感。三层设有活动区，丰富居住者的生活体验。

东

南

西

北

一层平面图（134.07m²）

二层平面图（110.80m²）

三层平面图（111.86m²）

方 案 33

图纸属性

层　数	三层	**开　间**	12.00m
进　深	11.00m	**建筑面积**	359.83m^2

外观简介

建筑中设有大量的玻璃窗，给人一种通透的视觉感受。正立面加入欧式镂空窗棂装饰，结合罗马柱门楼，形成美观又大气的建筑格调。

布局简介

户型中将睡眠空间统一设置在右侧，且格局类似，方便施工。同时，在每一层均设有不同的功能区，可以根据实际需求进行选择。

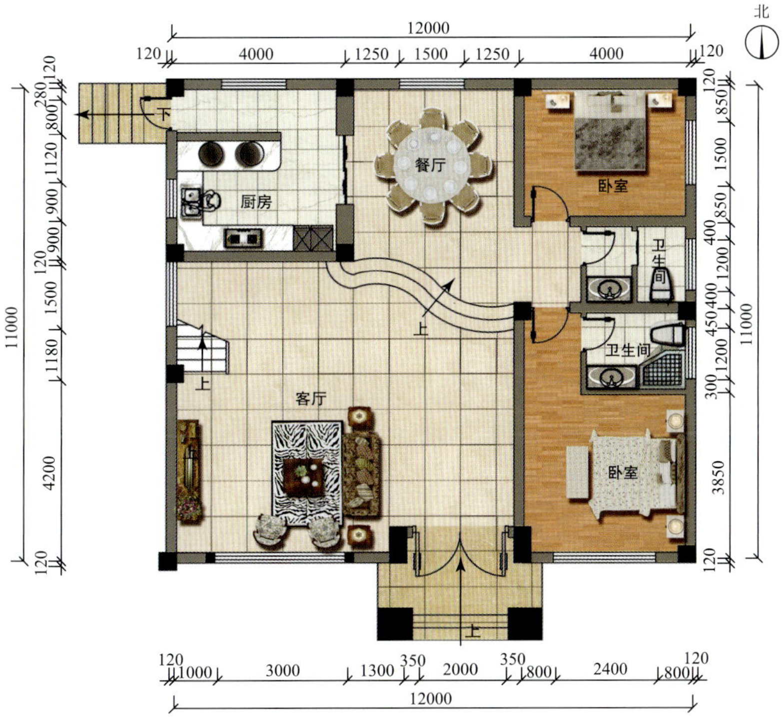

一层平面图（136.48m²）

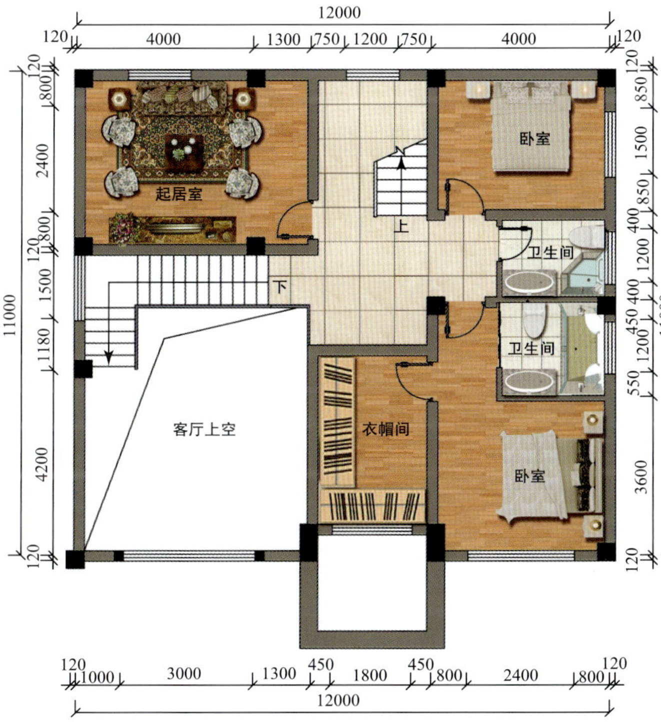

二层平面图（108.35m²）

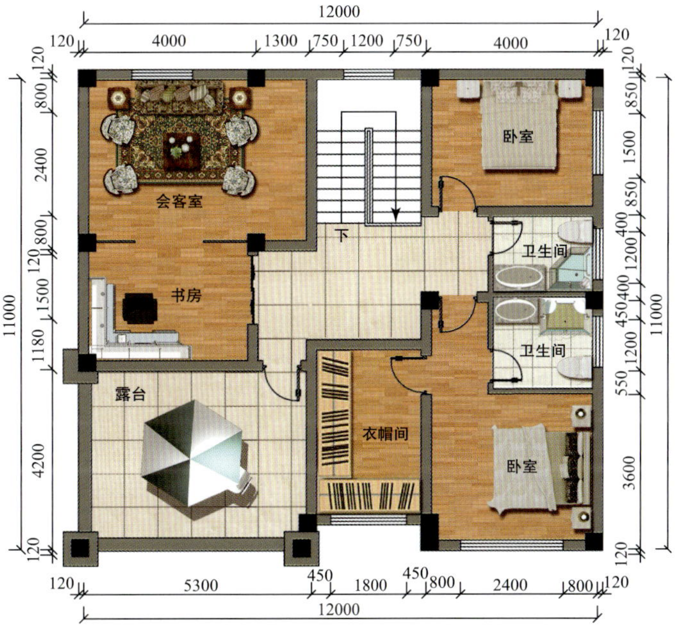

三层平面图（115.00m²）

方 案 34

图纸属性

层　数	三层	**开　间**	9.70m
进　深	12.00m	**建筑面积**	362.34m^2

外观简介

别墅总共有三层，外形是较为明显的欧式风格，加之欧式围栏和雕花，品质感较高。另外，窗的面积较大，有利于室内采光。

布局简介

整体卧室以及储物空间较多，方便人多时居住以及大量日常用品的存放。

东

南

西

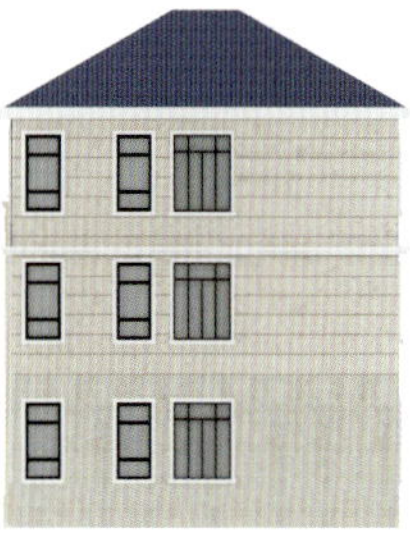

北

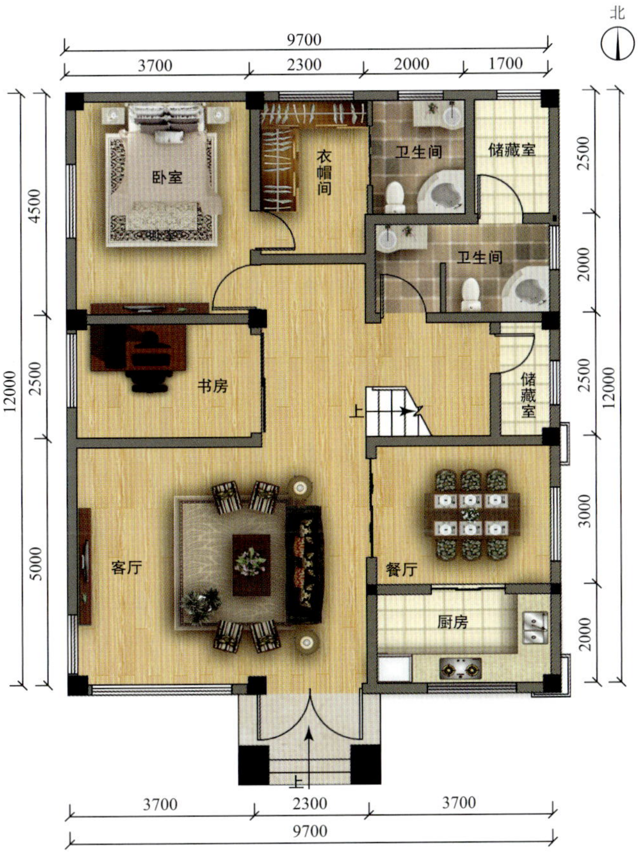

一层平面图（120.78m²）

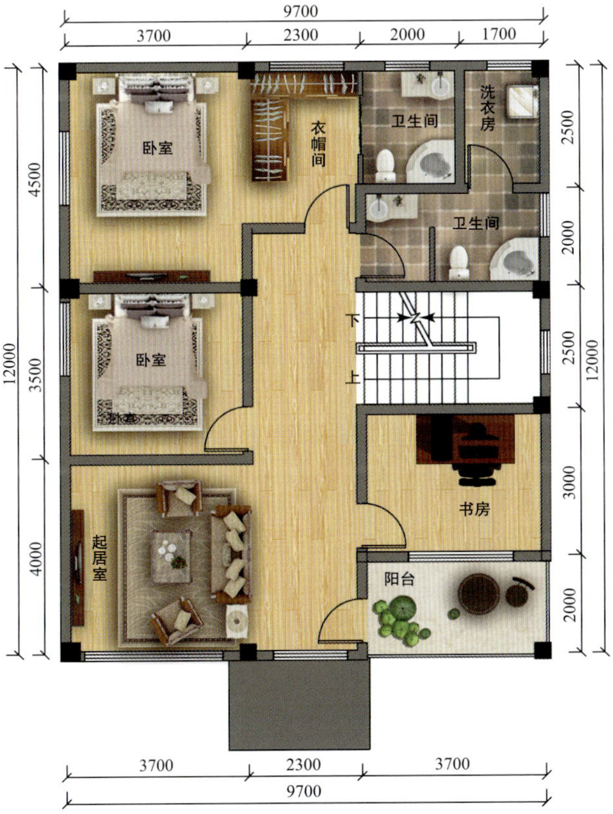

二层平面图（120.78m²）

三层平面图（120.78m²）

方案 35

图纸属性

层　数	三层	开　间	11.50m
进　深	12.80m	建筑面积	372.37m^2

外观简介

建筑居中设双层大门楼，拱形入户门和两侧拱形大窗搭配合理，彰显出欧式风情。

布局简介

户型中依然以休憩功能为主，但在每一层都加入了其他使用功能，如二层的起居室和书房、三层的露台，增加了居住的幸福感。

东

南

西

北

一层平面图（131.59m²）

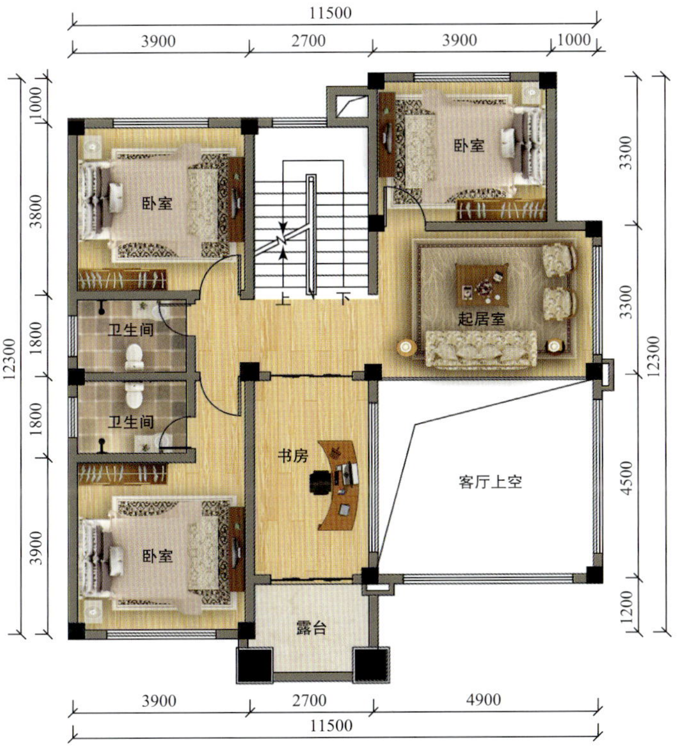

二层平面图（131.39m²）

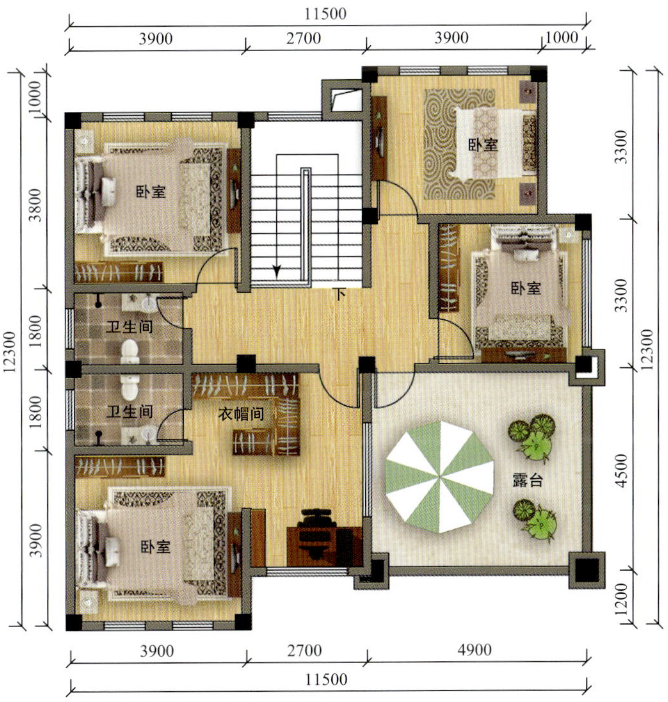

三层平面图（109.39m²）

方 案 36

图纸属性

层　　数	三层	开　　间	12.20m
进　　深	11.70m	建筑面积	383.48m^2

外观简介

建筑采用白色、红色和蓝色三色搭配，十分经典，加之变化的造型设计，时尚又洋气，非常吸引眼球。

布局简介

一层格局方正，利用率高；二层设有休闲茶区，丰富空间使用功能；三层的大露台和屋顶花园，则为户型增加了自然感。

东

南

西

北

一层平面图（150.61m^2）

二层平面图（151.64m²）

三层平面图（81.23m²）

方案 37

图纸属性

层　数	三层	开　间	12.80m
进　深	11.10m	建筑面积	385.02m^2

外观简介

建筑中将落地窗和有窗台的窗相结合，打破了传统窗户整齐划一的呆板形象；加之建筑的凹凸造型，给人带来强烈的视觉冲击力。

布局简介

一层的储藏室、餐厅、厨房位于一条直线上，动线顺畅；二层加入起居室，丰富使用功能；三层设有露台，夏日在此乘凉，十分惬意。

东

南

西

北

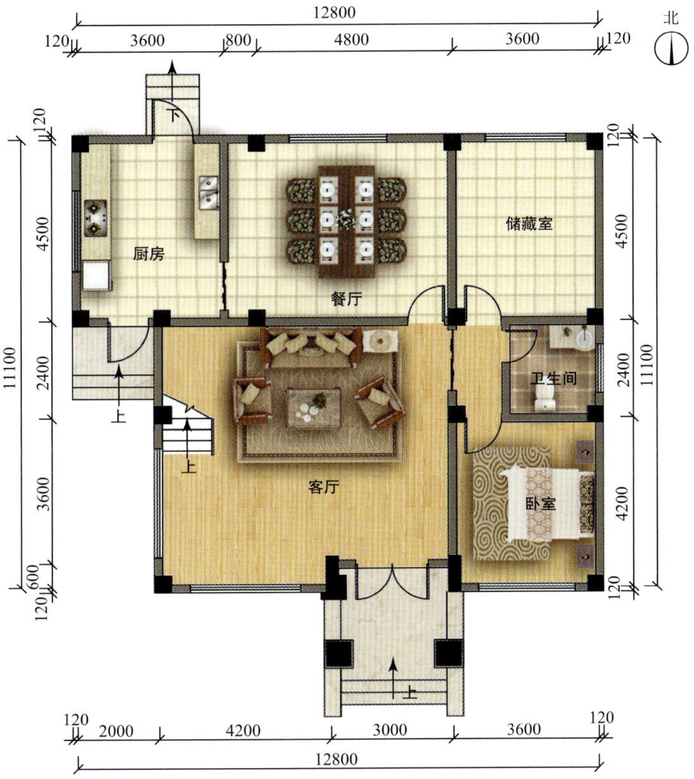

一层平面图（136.74m²）

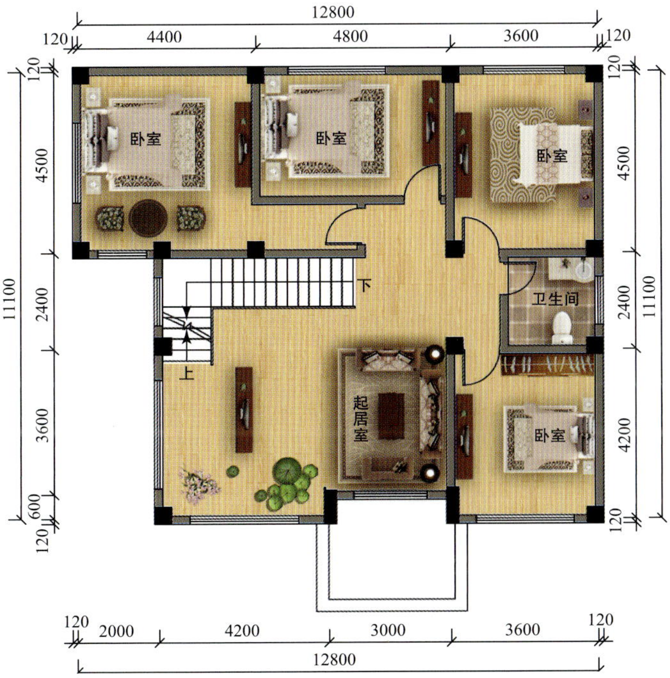

二层平面图（133.05m²）

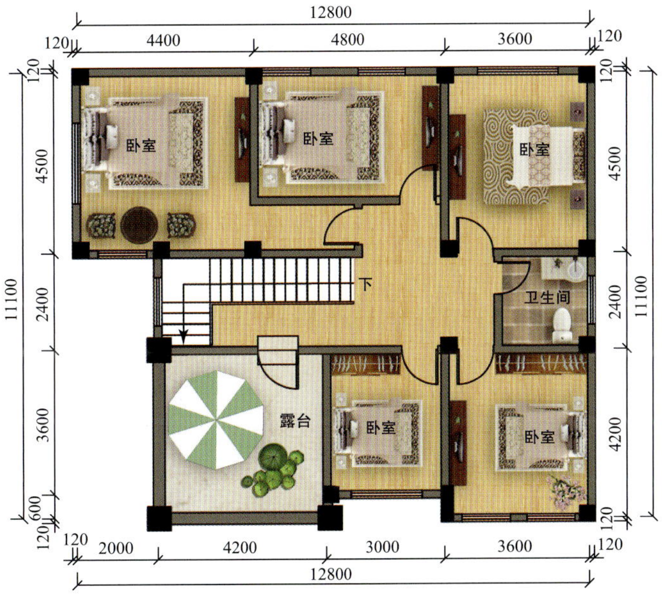

三层平面图（115.23m²）

方 案 38

图纸属性

层 数	三层	开 间	13.88m
进 深	10.68m	建筑面积	393.71m^2

东

南

西

北

外观简介

建筑的一二层设有双层门楼，造型别致。此外，加入欧式雕花装点，整个建筑从细节中彰显出品质味道。

布局简介

户型中的餐厅为挑高设计，大气美观。二层和三层的布局保持一致，节约预算。

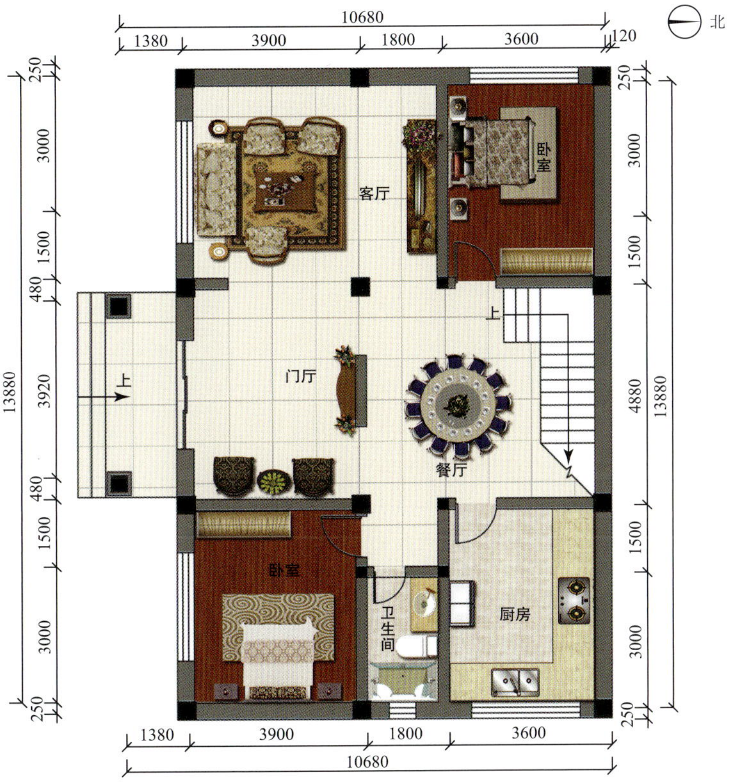

一层平面图（141.46m²）

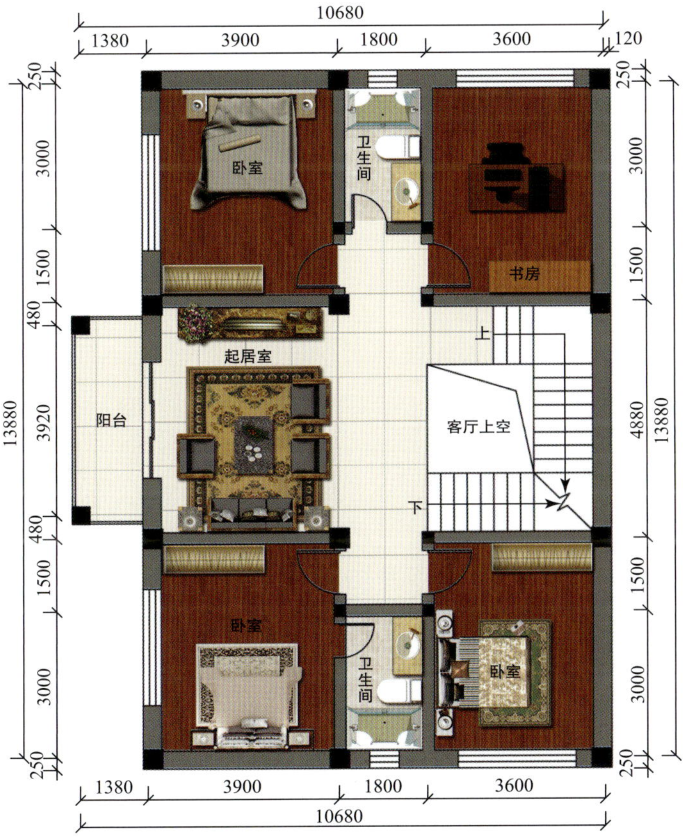

二层平面图（141.46m²）

三层平面图（110.79m²）

方 案 39

图纸属性

层　数	三层	开　间	12.80m
进　深	12.60m	建筑面积	422.80m²

外观简介

干净利落的建筑风格，极有欧式的精美之感，搭配多开窗设计，让房子更显通透大气，提升别墅质感。

布局简介

一层的功能空间配备齐全方便居住者的日常使用。二层居住区设有书房，便于在家学习工作。三层的卧室留做客房，方便招待客人留宿。同时预留了大露台，满足日常晾晒和乘凉小憩的需求。

东

南

西

北

一层平面图（163.50m²）

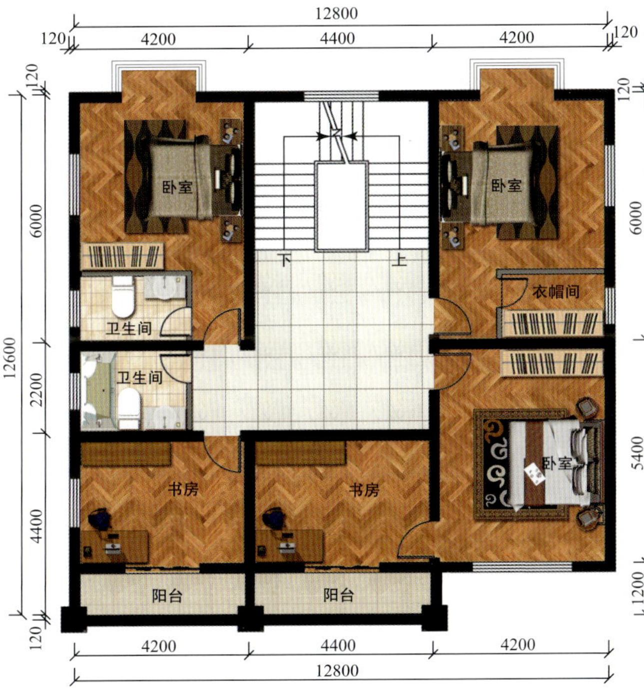

二层平面图（154.00m²）

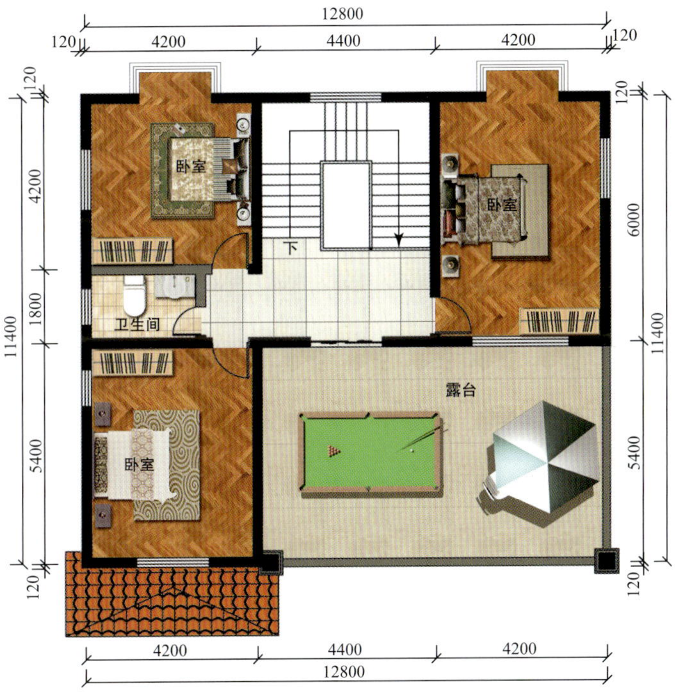

三层平面图（105.30m²）

方 案 40

图纸属性

层　　数	三层	开　　间	14.76m
进　　深	10.76m	建筑面积	459.88m^2

外观简介

建筑中采用了大量的八角窗设计，干净、通透，且充满时尚感。同时，利用雕花和欧式围栏来加强建筑的风格特征，美观度高。

布局简介

别墅格局设计着重考虑到居住的品质，健身区、衣帽间、阳台、露台一应俱全。且每个空间的面积充裕，使用便捷。

东

南

西

北

一层平面图（173.53m^2）

二层平面图（175.81m²）

三层平面图（110.54m²）

方 案 41

图纸属性

层　数	三层	开　间	15.30m
进　深	12.30m	建筑面积	482.00m^2

外观简介

三层的建筑挺拔而直立，带来稳定的视觉感受。窗户外框为木质装饰，柔化了青白色外观和蓝色顶层的清冷感。

布局简介

户型中设计了挑空的客厅，另外还设有健身房和大露台，居住功能和娱乐功能均比较齐备。

东

南

西

北

一层平面图（184.16m^2）

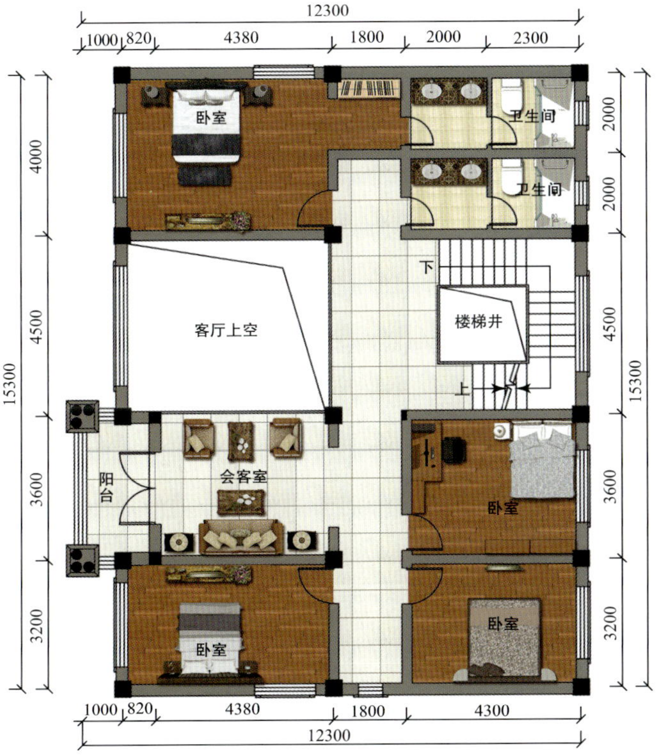

二层平面图（162.81m²）

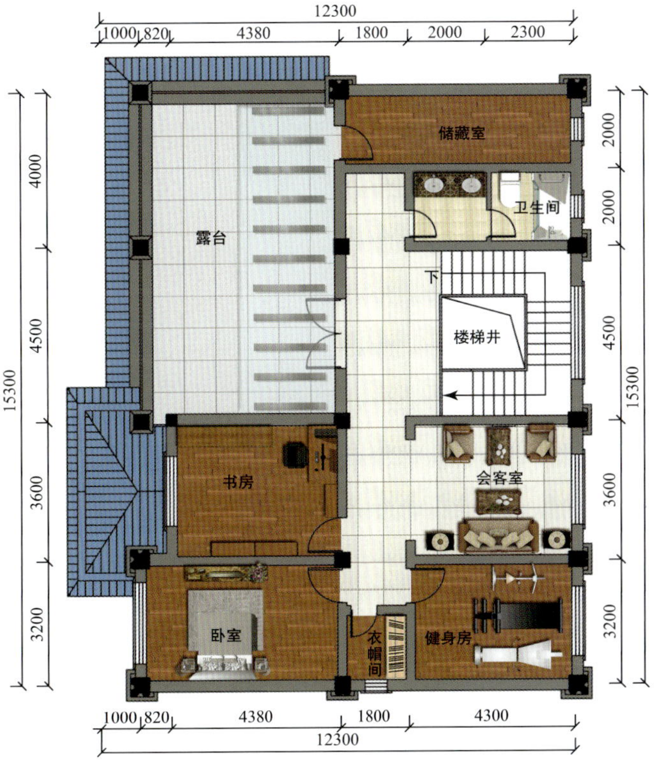

三层平面图（135.03m²）

方 案 42

图纸属性

层　数	三层	开　间	13.76m
进　深	22.76m	建筑面积	491.78m^2

外观简介

红白蓝的配色，清新醒目，搭配简易的欧式立柱，更显精致美观。南立面的多面窗户设计为多边形采光窗，增加了采光效果。

布局简介

一层设计以用户需求为出发点，将储藏室、厨房、餐厅、棋牌室独立于主体别墅，避免空间之间的干扰。二层和三层单独设计了卧室和起居室，方便人多的时候待客和日常起居，且主卧都配有独立卫生间，私密性好，舒适方便。

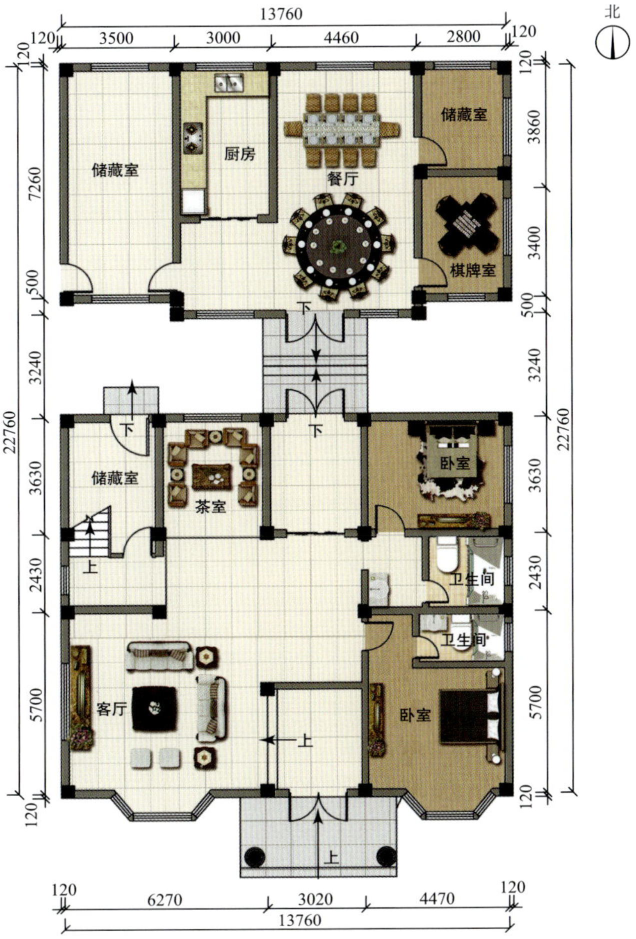

一层平面图（190.91m²）

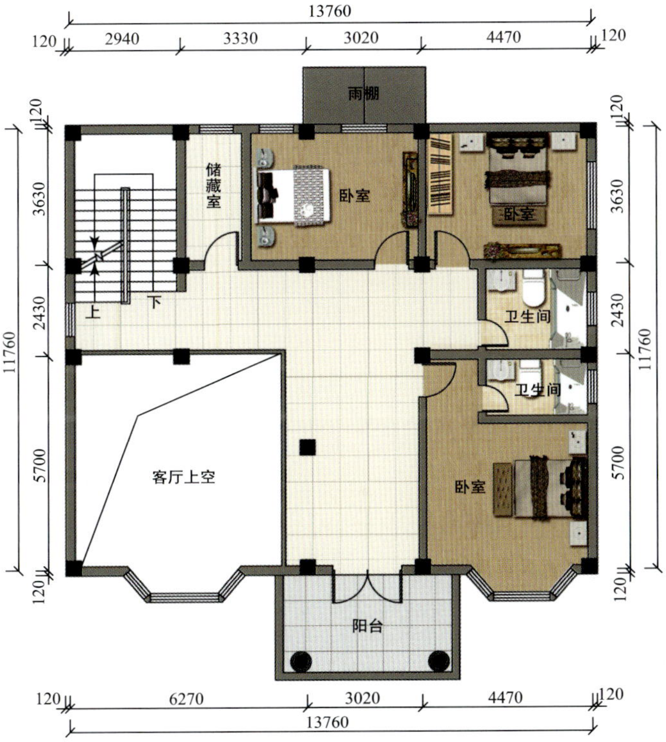

二层平面图（171.55m²）

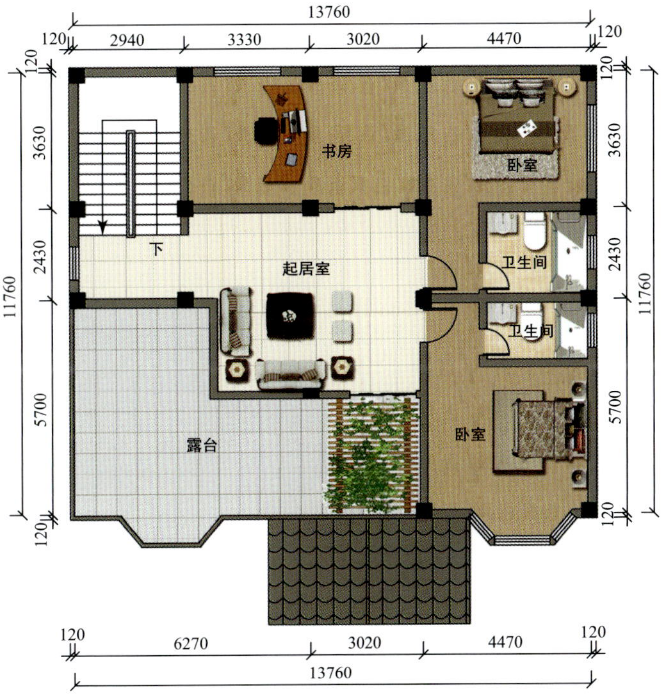

三层平面图（129.32m²）

方 案 43

图纸属性

层　数	三层	开　间	11.20m
进　深	17.87m	建筑面积	493.01m^2

外观简介

建筑的外立面设计了电路走线，装饰灯在夜幕下点亮后，令整栋建筑显得温馨而雅致。

布局简介

一层的厨房中设有中岛台，并与餐厅相连，这样的设计与时俱进；三层设有活动室，以及起居室、露台，一家人都有合适的放松区域。

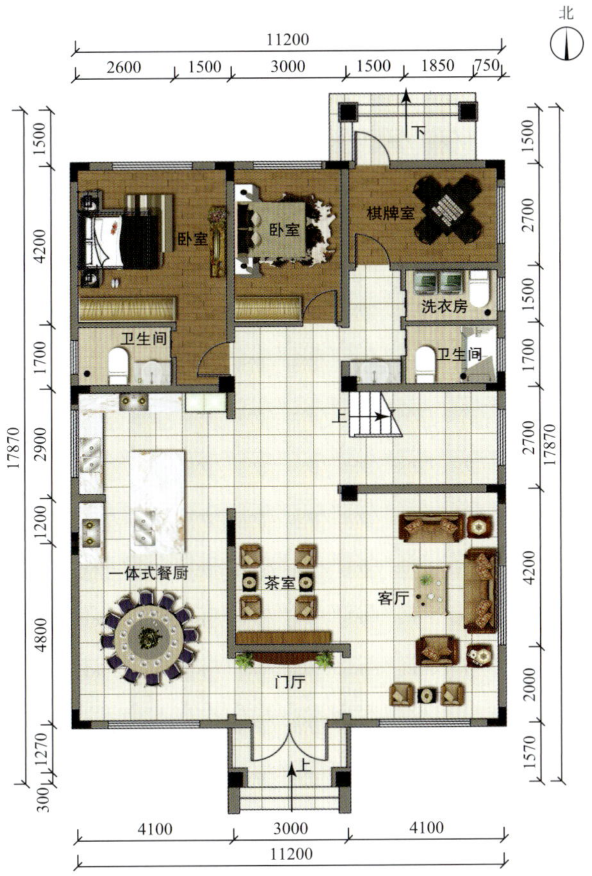

一层平面图（176.71m²）

二层平面图（157.29m²）

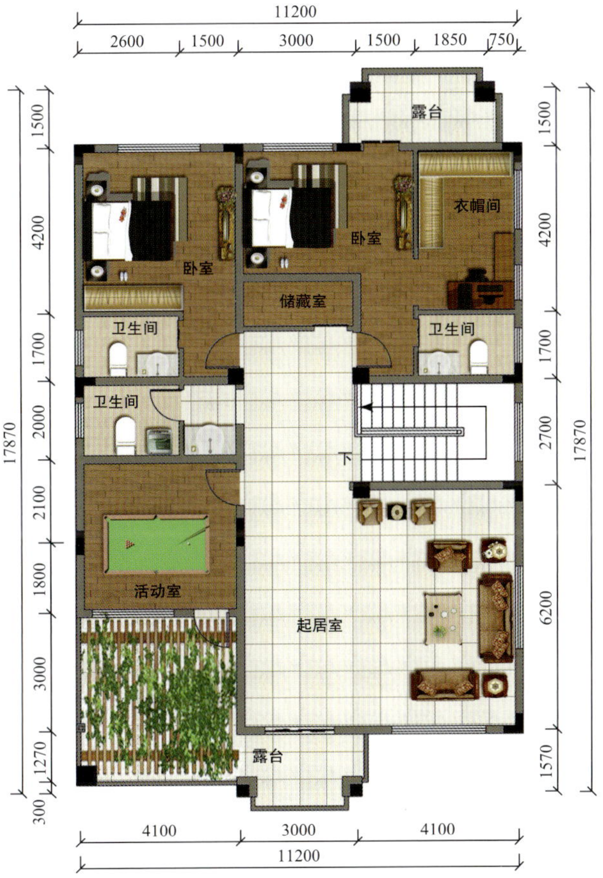

三层平面图（159.01m²）

方 案 44

图纸属性

层　　数	三层	开　　间	16.50m
进　　深	15.50m	建筑面积	607.14m^2

外观简介

三层的别墅从外观上给人一种大气、工整之美。楼阁式的入户和顶面形成呼应，别具一格。

布局简介

户型中除了设置常见的功能区域之外，还添加了众多的娱乐区域。其中，三层设有 KTV 室，令居住者在家中也可以尽情放松。

东

南

西

北

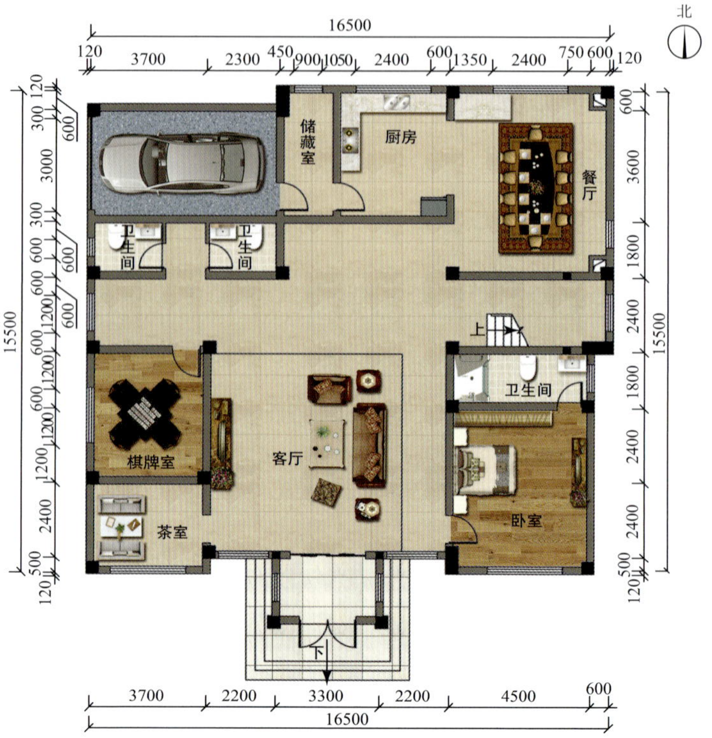

一层平面图（259.48m^2）

二层平面图（206.63m²）

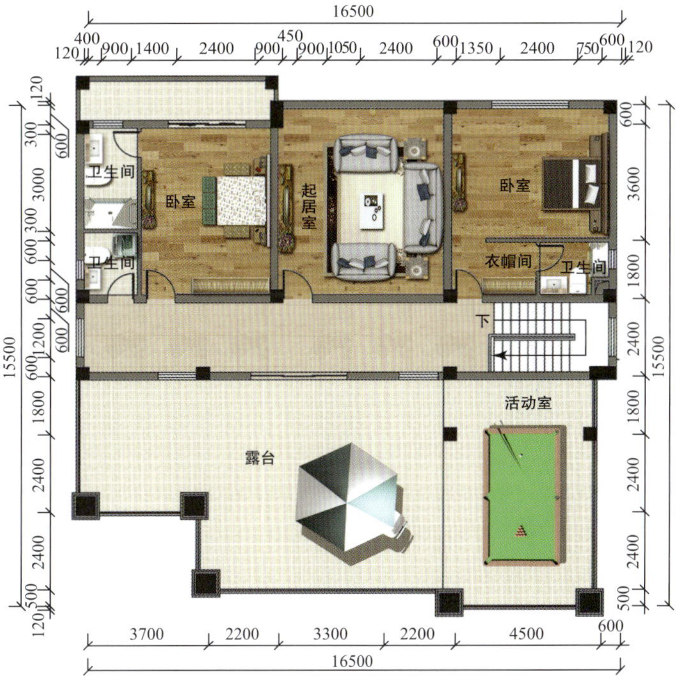

三层平面图（141.03m²）

方 案 45

图纸属性

层　数	三层	开　间	23.00m
进　深	14.80m	建筑面积	692.27m^2

外观简介

此栋为双拼别墅，呈对称布局，且外观简洁、大气。同时，建筑设有大量的玻璃门窗，通透感强。

布局简介

此别墅为两家人同住，因此布局完全相同，且各自独立。两层高的门厅从入门处就奠定了空间的大气感。

东

南

西

北

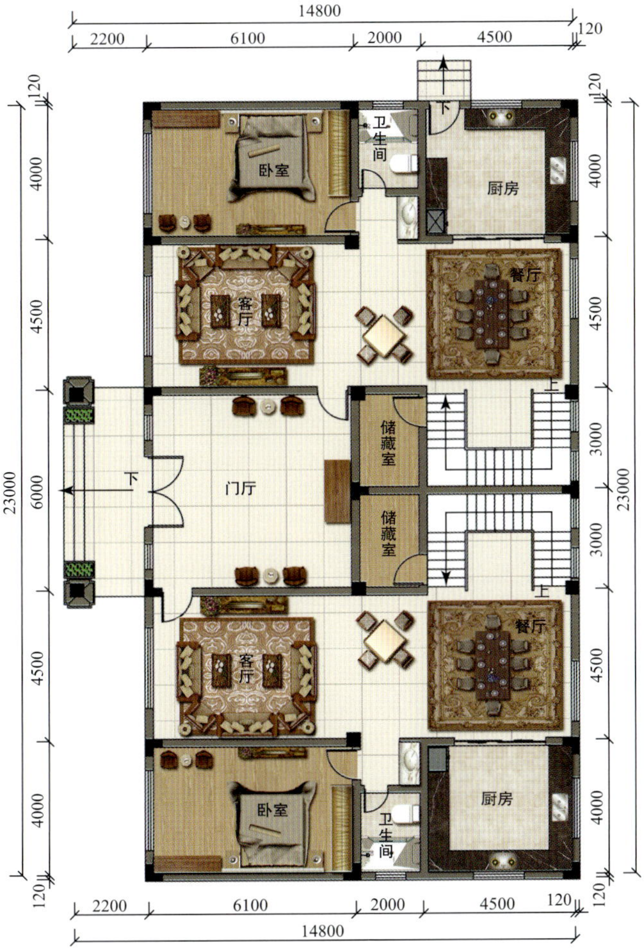

一层平面图（305.26m²）

二层平面图（221.09m²）

三层平面图（165.92m²）

方 案 46

图纸属性

层　数	四层	开　间	11.00m
进　深	9.00m	建筑面积	$340.00m^2$

外观简介

带车库的 4 层结构自建别墅，虽隐于乡村，但交通便利，平时接送朋友也方便。别墅每层均设有八角窗，造型别致，采光充裕。

布局简介

一层中客厅、门厅、餐厅三者相连，增大了视觉空间面积；二至四层主要为睡眠区，供主人一家休息使用。同时，每层均加入了更多的使用功能，如会客室、书房等。

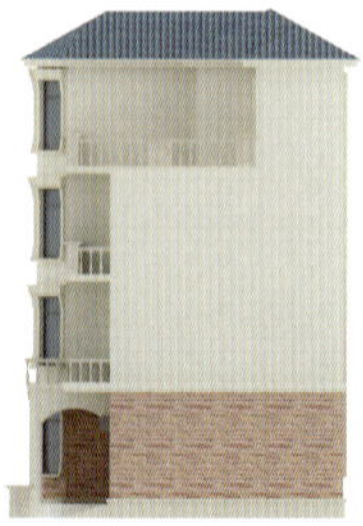

东

南

西

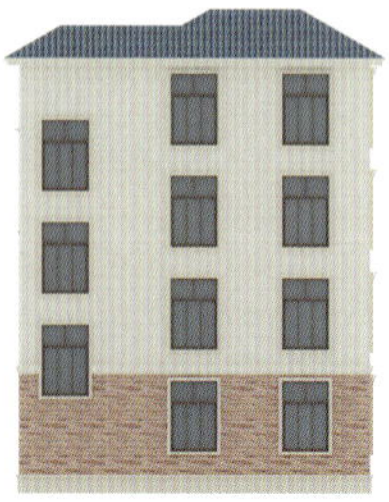

北

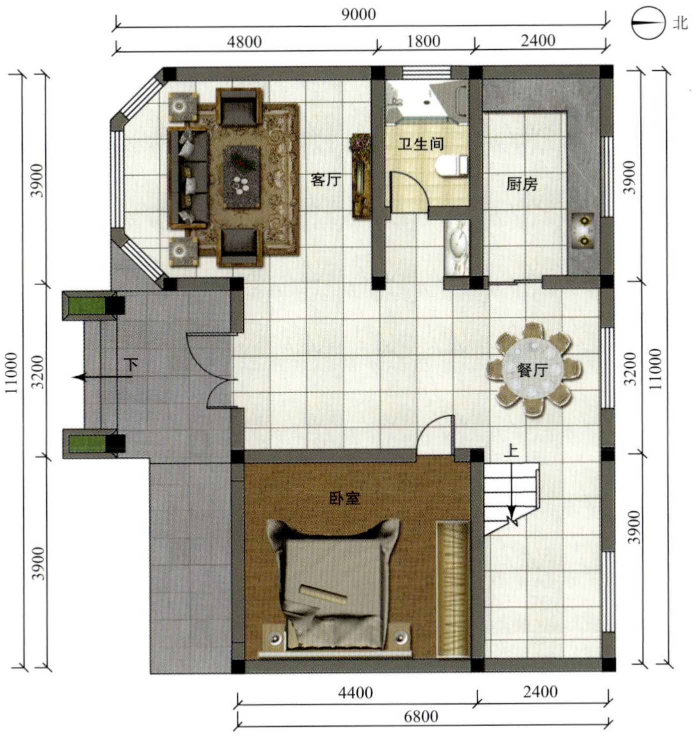

一层平面图（94.00m²）

二层平面图（92.00m²）

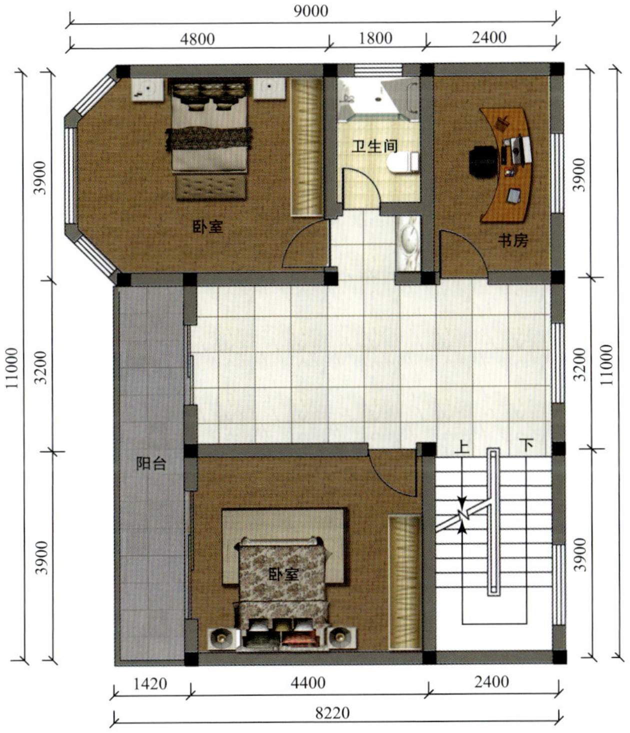

三层平面图（92.00m²）

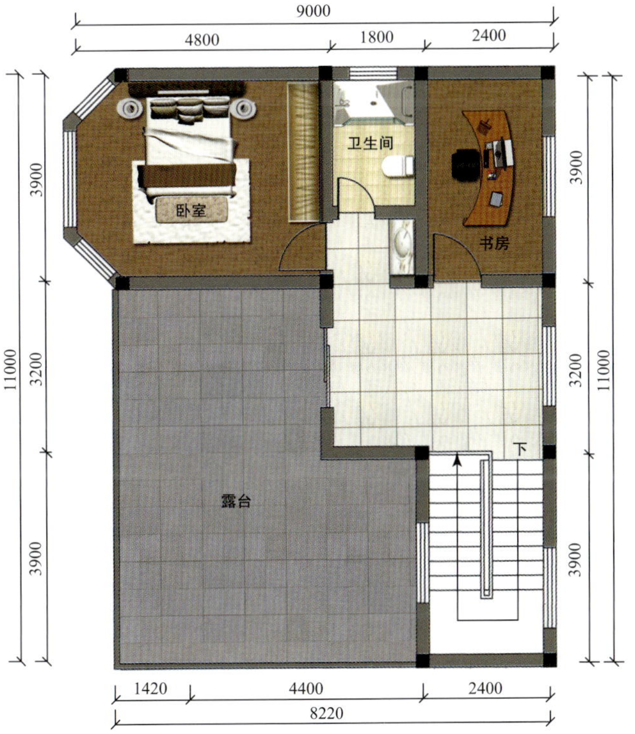

四层平面图（62.00m²）

方 案 47

图纸属性

层　数	四层	开　间	8.76m
进　深	14.76m	建筑面积	470.71m^2

东

南

外观简介

简欧风格的建筑外观，带给人高贵、大气的印象；大面积的圆弧形落地窗，以及简化的罗马柱，使外观看起来更加考究，富有设计感。

西

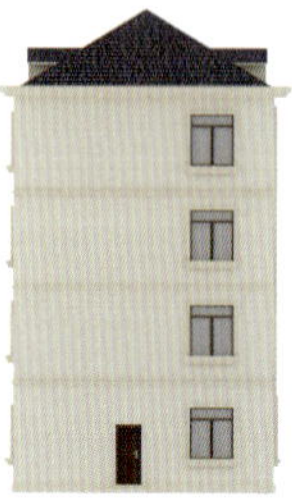
北

布局简介

一层设有门厅，保证了入户空间的私密性；二层和三层主要为睡眠空间；健身房、家庭影院则设计在了四层。各处细节设计到位，体现着空间的品质感。

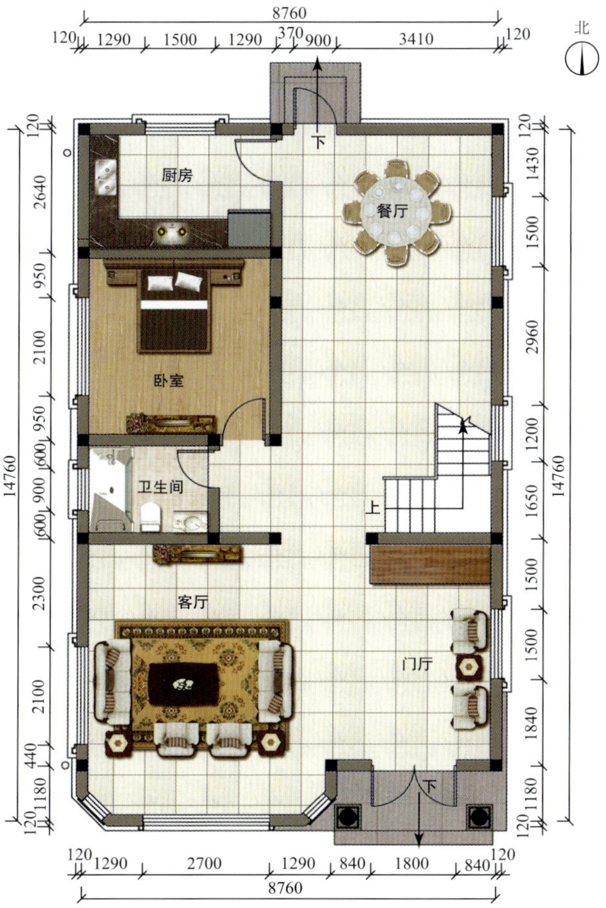

一层平面图（$129.09m^2$）

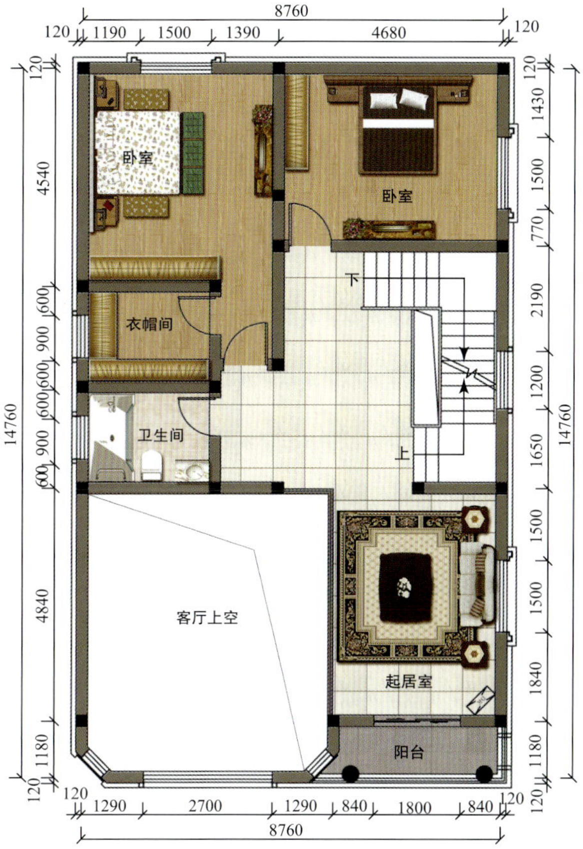

二层平面图（$101.37m^2$）

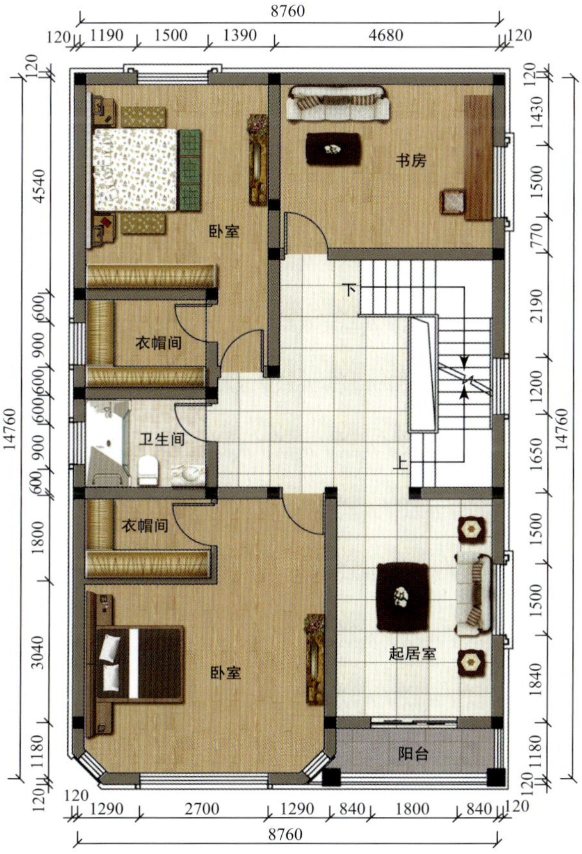

三层平面图（$129.09m^2$）

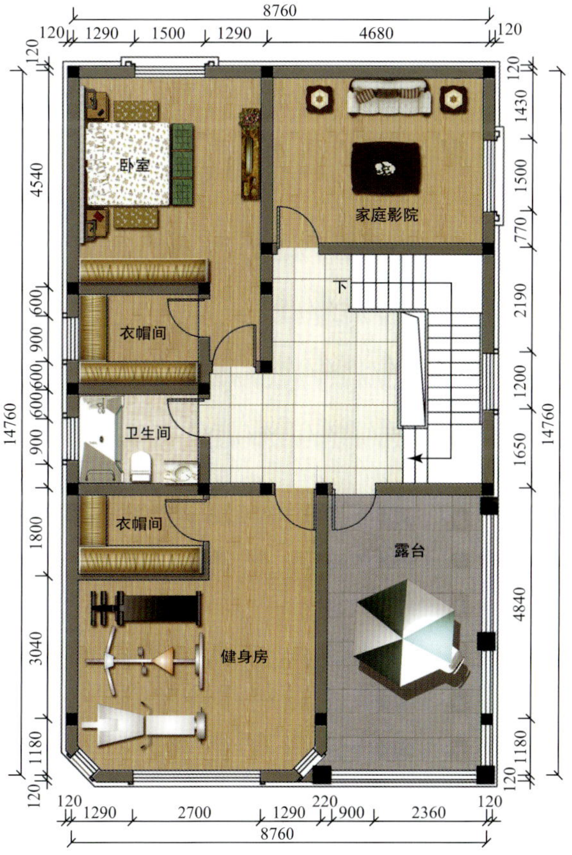

四层平面图（$111.16m^2$）

方 案 48

图纸属性

层　数	五层	开　间	12.36m
进　深	11.88m	建筑面积	715.00m^2

外观简介

米色墙面红色屋顶的经典搭配，经久不衰；别墅立面的方形采光窗、飘窗及拱形落地窗等造型不仅优化了室内采光，更加丰富了立面效果。

布局简介

一层的门厅在进门入户处的正中位置，左右两边为挑空客厅和餐厅；二至四层为主要的居住空间；五层是一个功能备用层，暂无具体的设计及应用，业主可根据实际生活需要加以利用。

东

南

西

北

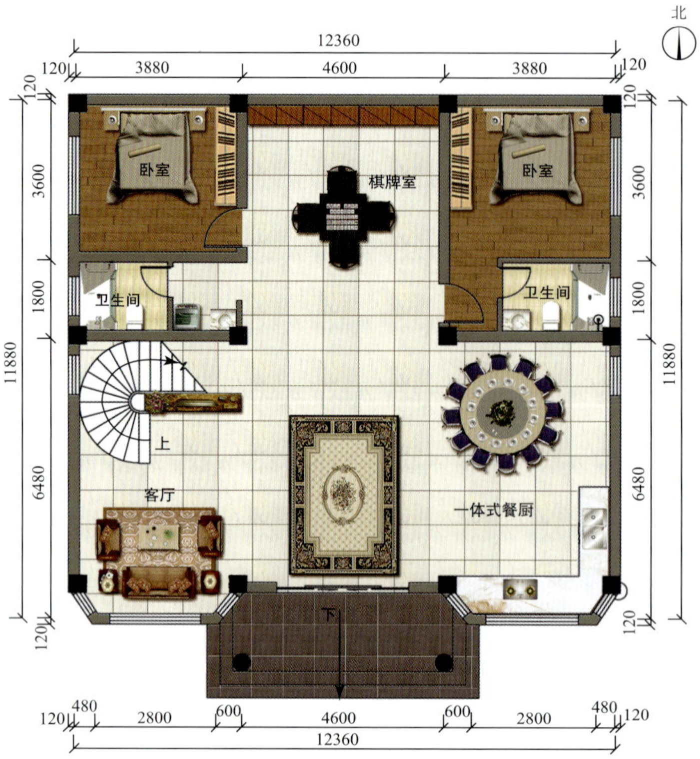

一层平面图（153.00m²）

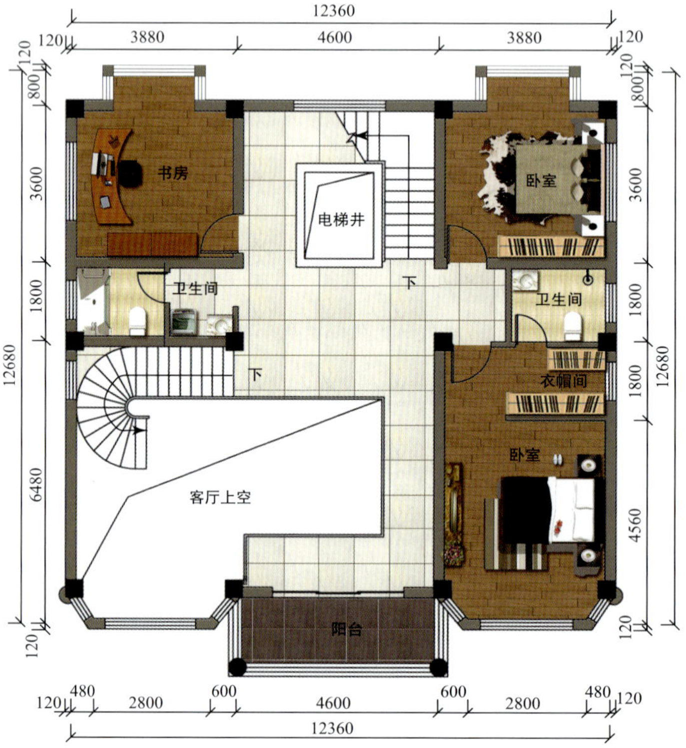

二层平面图（137.00m²）

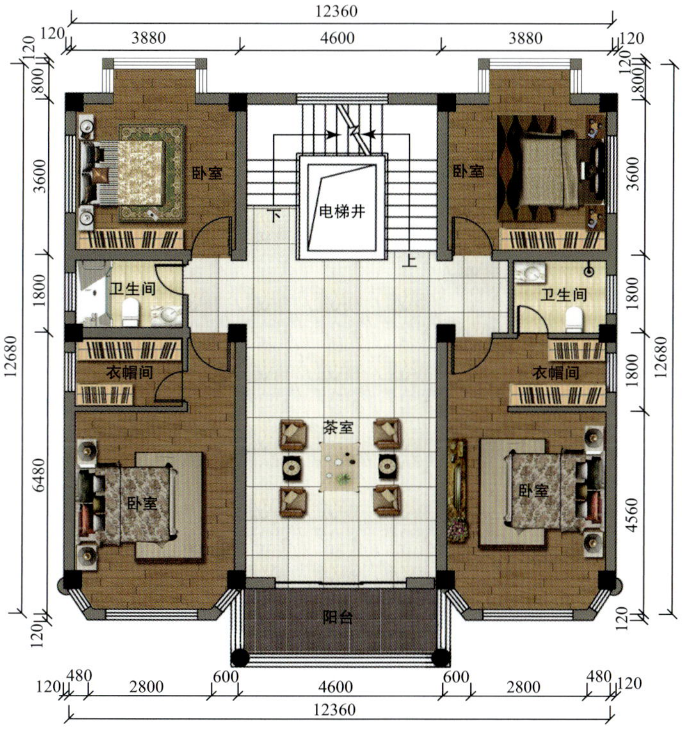

三层平面图（153.00m²）

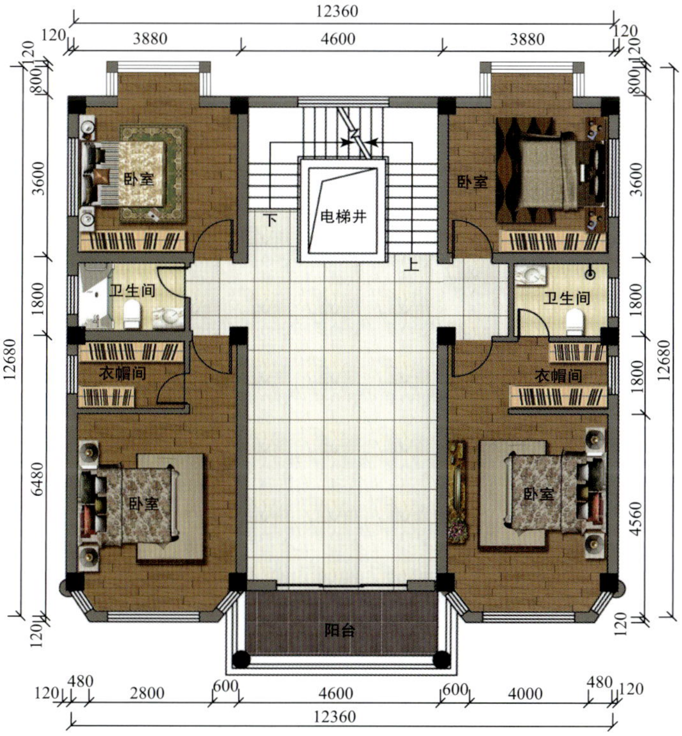

四层平面图（153.00m²）

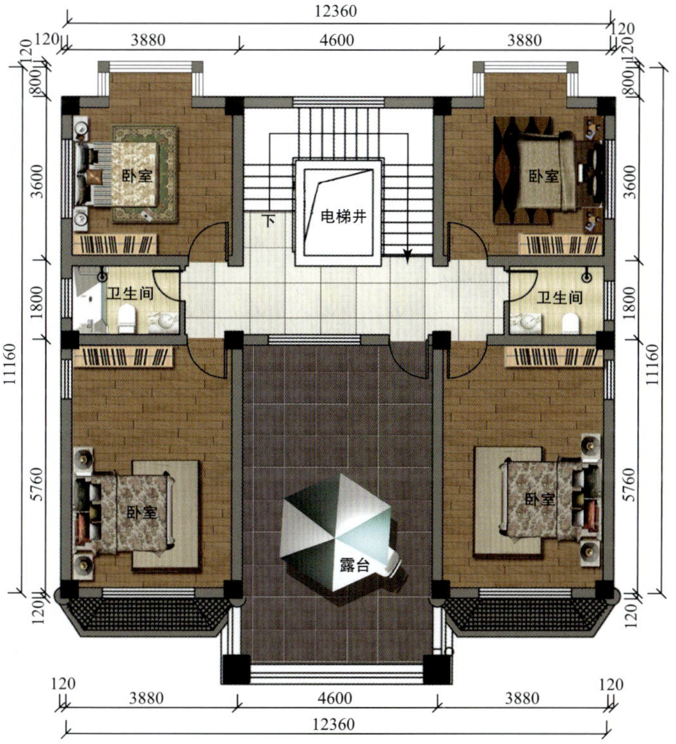

五层平面图（119.00m²）

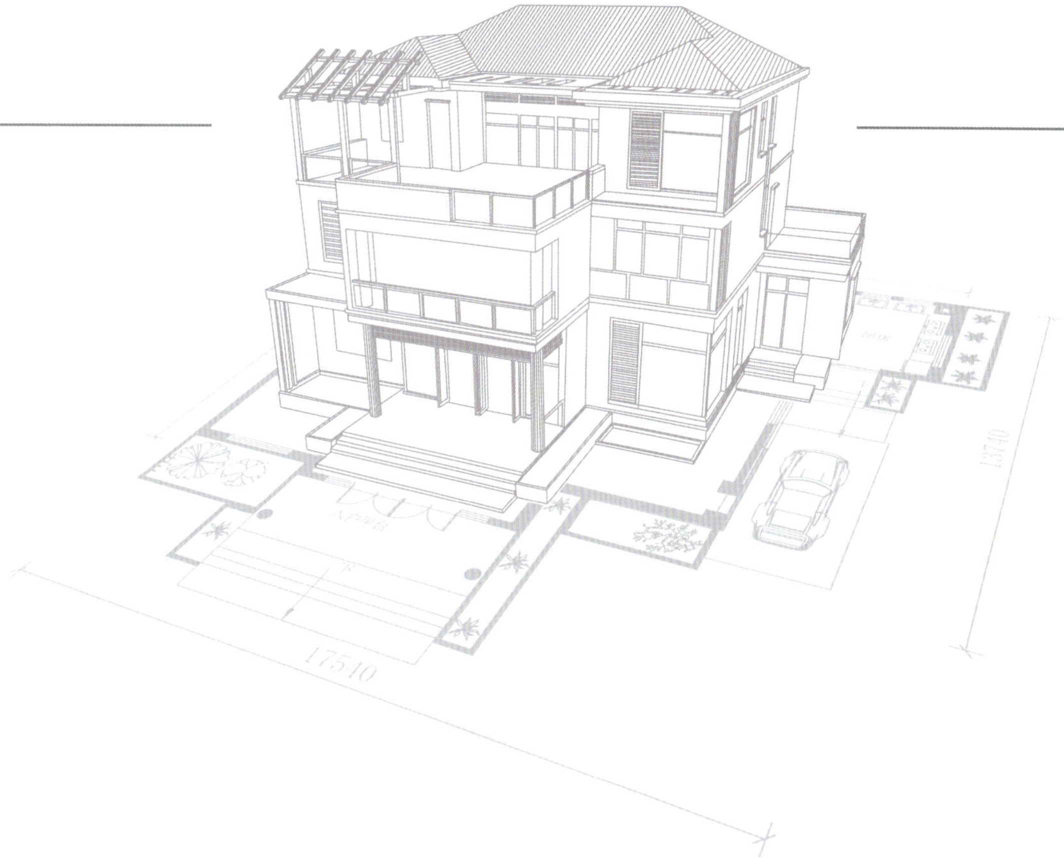

第 三 章

现代
别墅设计

MODERN VILLA DESIGN

方 案 1

东

南

西

北

图纸属性

层　数	一层	开　间	12.60m
进　深	14.97m	建筑面积	154.21m^2

外观简介

别墅整体为单层，窗户面积大，采光效果好。周围种植了各类花草等植物，与别墅交相辉映，充满生机。

布局简介

入户门处设置的门厅，使人进入别墅后有一个过渡的空间。本方案共有 4 间卧室，基本满足居住需求。

12600
3900
2700
3500
2500
北
上
卧室
卧室
餐厅
厨房
卫生间
客厅
卧室
卧室
门厅
上
1500
950
1800
950
300
800
900
1100
3700
1270
1700
14970
1500
4000
2500
4000
800
470
1700
14970
3900
4800
3900
12600

方 案 2

图纸属性

层　数	二层	开　间	7.96m
进　深	11.50m	建筑面积	171.66m^2

外观简介

别墅正面外观上部采用常见的白色外墙漆涂刷，下部采用浅咖啡色文化石铺贴，对比效果强烈，且令别墅带有了原始、自然之感，形成了别具一格的建筑特色。

布局简介

此户型布局适合一家三口居住，夫妻与孩子的卧室均设置在一层，方便使用；二层留有三间卧室，方便亲朋好友来时使用。

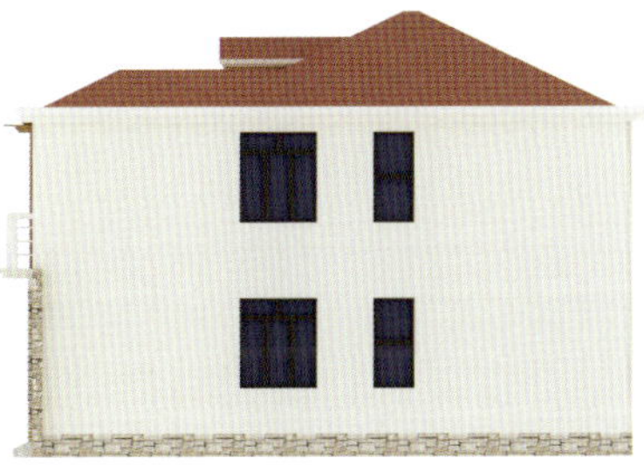

东

南

西

北

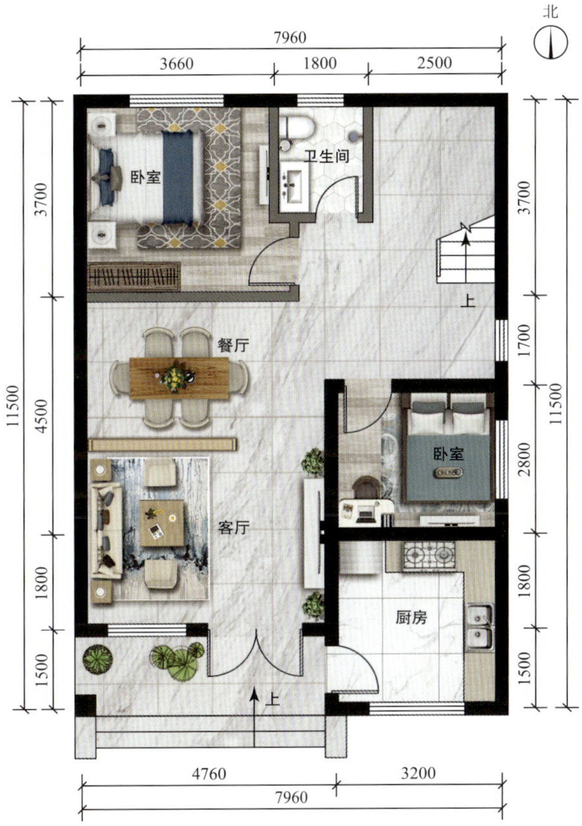

一层平面图(90.88m^2)

二层平面图(80.78m^2)

方 案 3

图纸属性

层　　数	二层	开　　间	7.70m
进　　深	12.06m	建筑面积	176.23m^2

外观简介

别墅户型方正，设有超大的落地窗，既美观又很好保证了室内的采光与通风。灰白色的真石漆外墙显得质感十足，提升了建筑的档次。

布局简介

户型布局比较常规，主要功能空间与休憩空间相结合，为居住者提供舒适的居住环境。这样的户型设计非常适合需要节约预算的家庭。

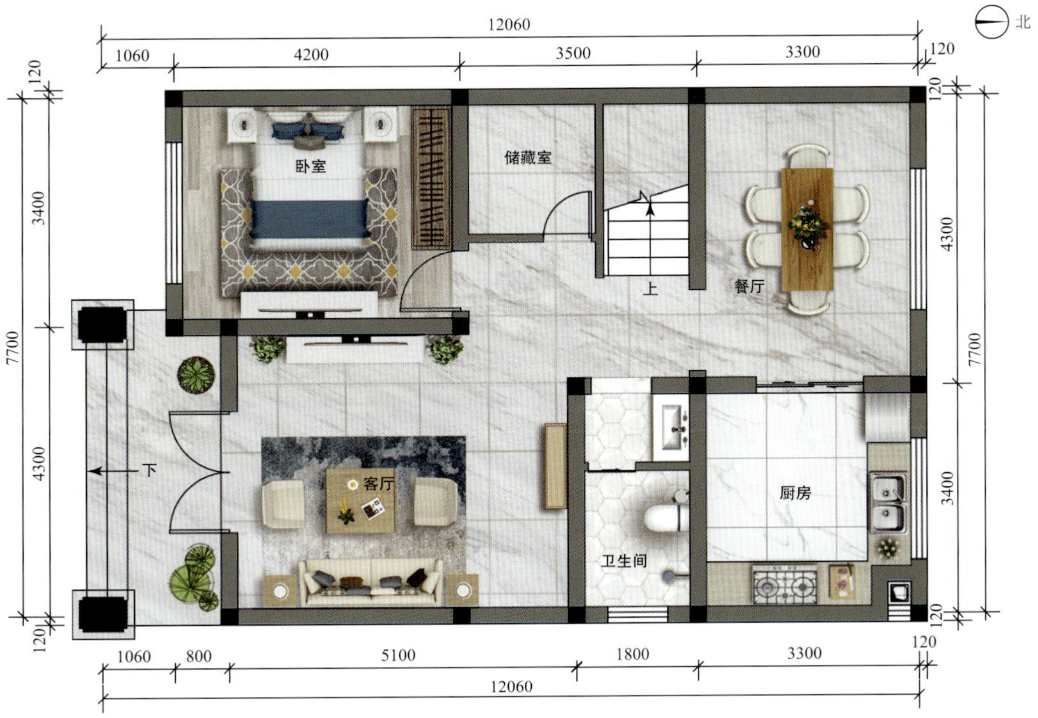

一层平面图（$90.42m^2$）

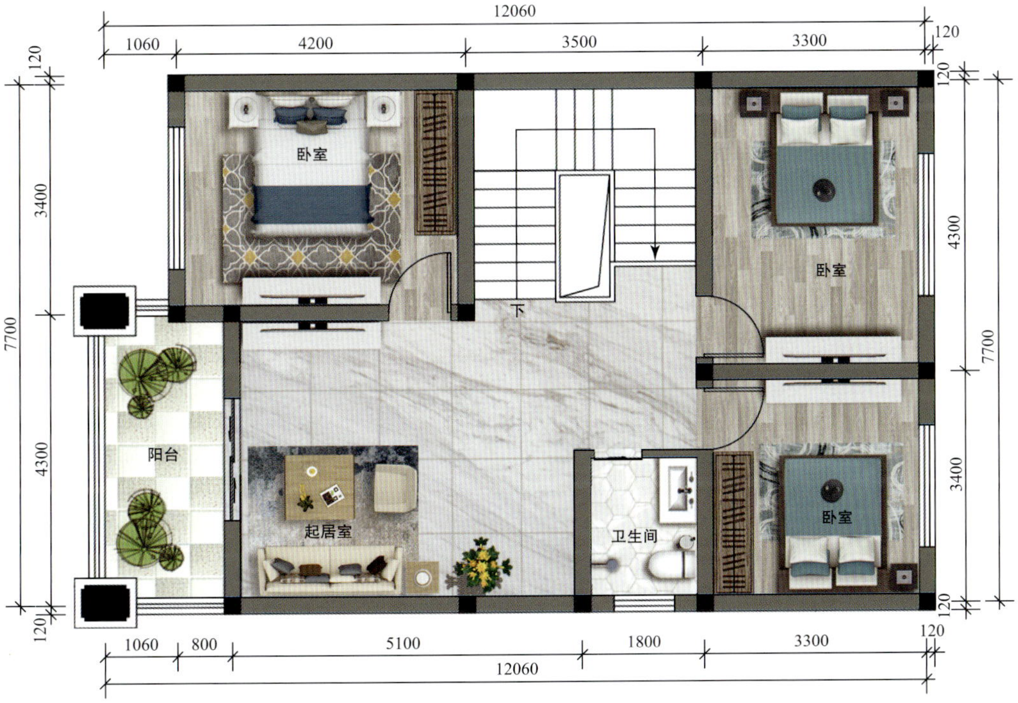

二层平面图（$85.81m^2$）

方 案 4

图纸属性

层　数	二层	开　间	17.20m
进　深	11.52m	建筑面积	178.33m^2

外观简介

这套别墅在屋顶增加了小花园，为原本平淡的屋顶增添了不少生机。整体建筑的周围，还增加了装饰性木材。缠绕生长的绿色植物，使得整栋建筑生机勃勃。

布局简介

一层的功能空间较齐全，客厅、厨房、卫生间、卧室等满足了居住者的日常使用需求。二层的功能空间只设有两间卧室及一间卫生间。此外是大面积的屋顶花园和露台，方便居住者闲暇时观赏植物，放松心情。

一层平面图（123.96m²）

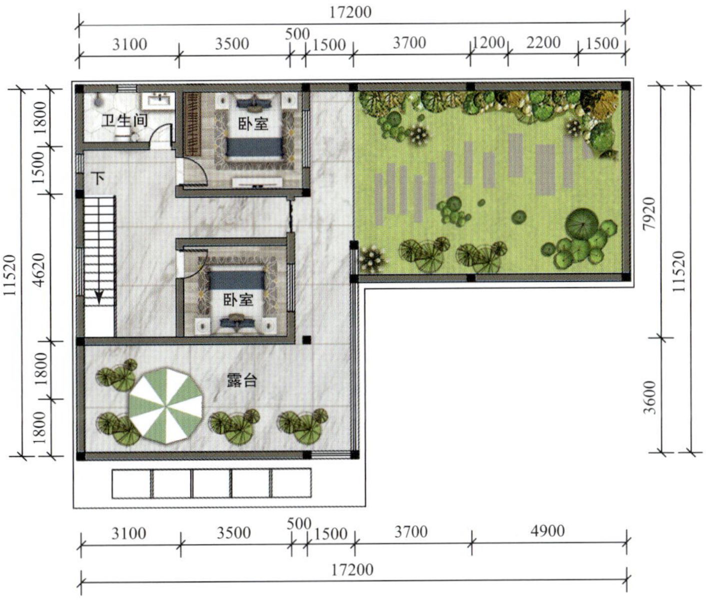

二层平面图（54.37m²）

东

南

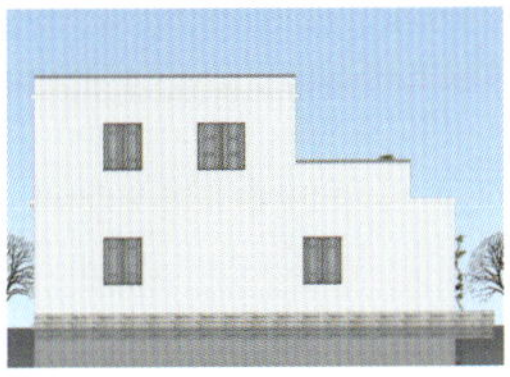

西

北

方 案 5

图纸属性

层　数	二层	开　间	12.42m
进　深	10.68m	建筑面积	202.72m^2

外观简介

屋顶加入三角结构的设计元素，整洁、利落中具有变化的美感，弱化了建筑下部方正的刻板印象。

布局简介

户型中除了必要的客厅、餐厅、厨卫空间，多为卧室，满足多人口家庭的居住需求；二层卧室中或配备书房，或带有休闲空间，满足不同使用者的需求。

东

南

西

北

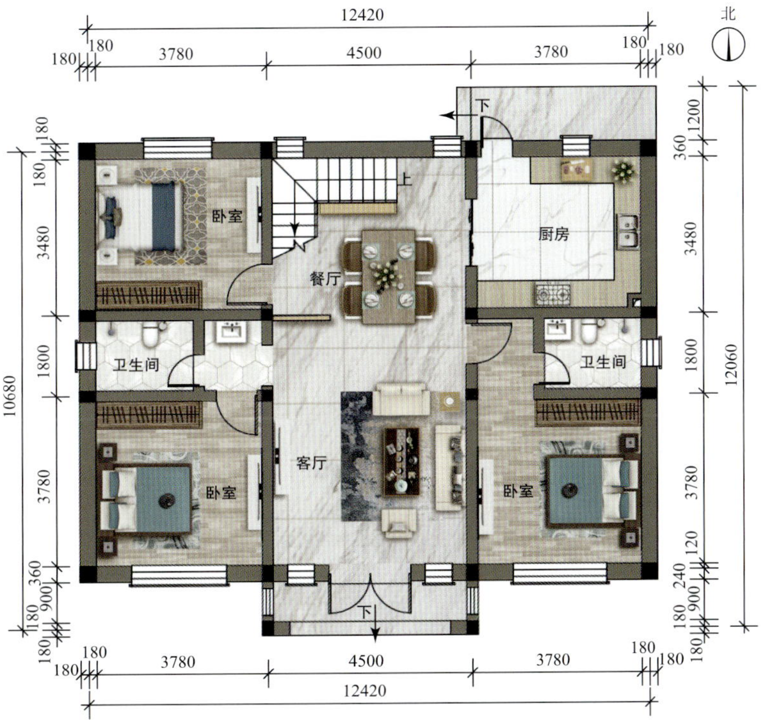

一层平面图（132.72m²）

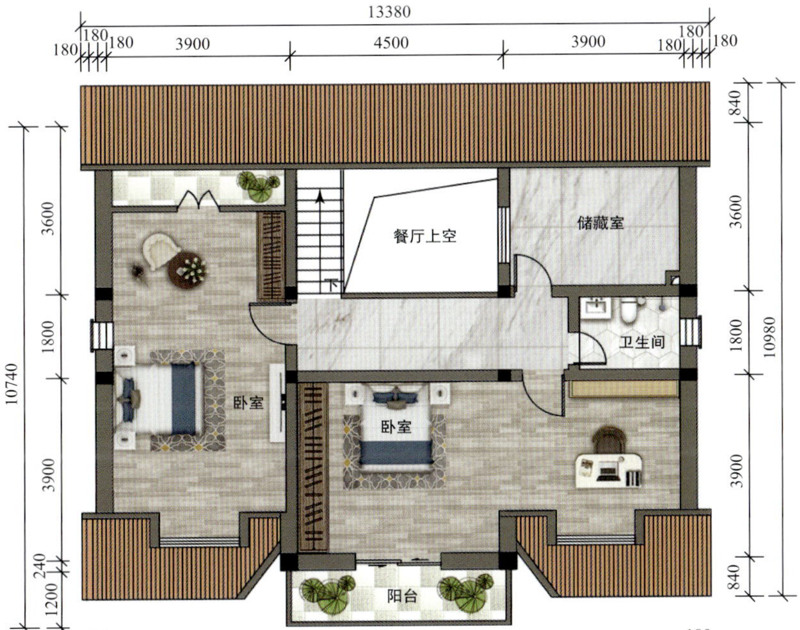

二层平面图（70.00m²）

方 案 6

图纸属性

层　数	二层	开　间	8.50m
进　深	13.10m	建筑面积	216.77m^2

外观简介

整栋别墅外表简洁，配有大面积的落地窗，可以最大限度地使光线进入室内，增加整体空间的明亮感与通透感。

布局简介

户型设计较为方正，一层和二层共设有 5 间卧室，保证具有足够的居住空间。二层的阳台视野宽阔，既可以挂晒衣物，也可以放置一把躺椅，在此度过愉快的休闲时光。

东

南

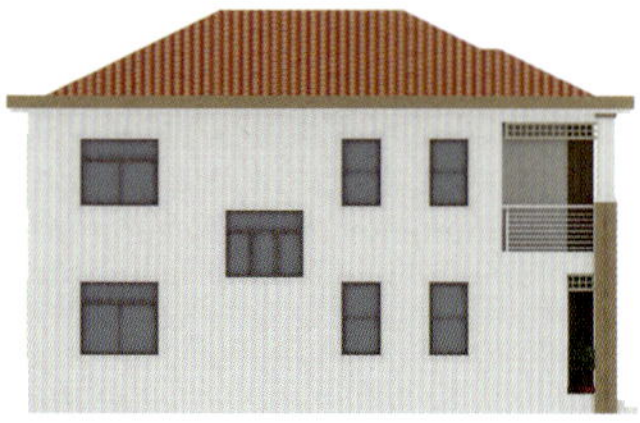

西

北

一层平面图（108.99m²）

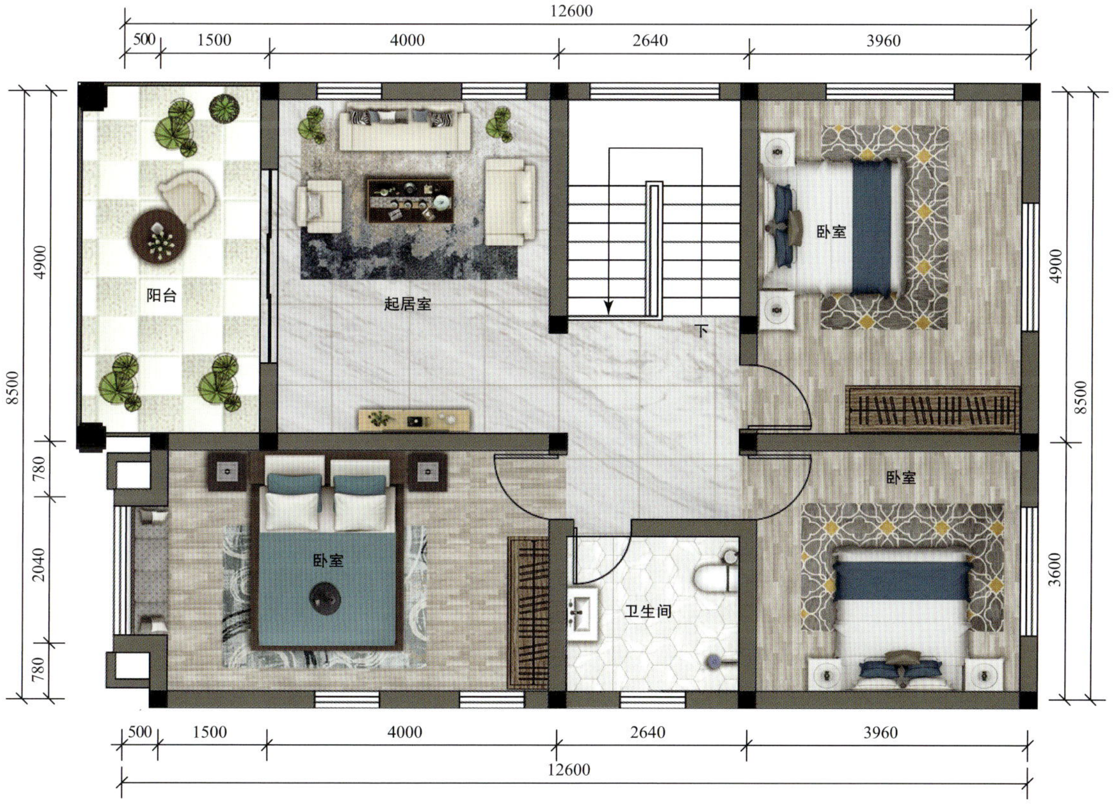

二层平面图（107.78m²）

方 案 7

图纸属性

层　数	二层	开　间	14.60m
进　深	8.80m	建筑面积	217.56m²

东

南

西

北

外观简介

本户型采用坡屋顶，方正的几何造型朴素大方，白色、灰色、木色的色彩搭配清新素雅，具有浓郁的现代气息。

布局简介

户型的平面功能分区明确，布置合理，动线顺畅。卧室配备充足，可以满足多人居住。

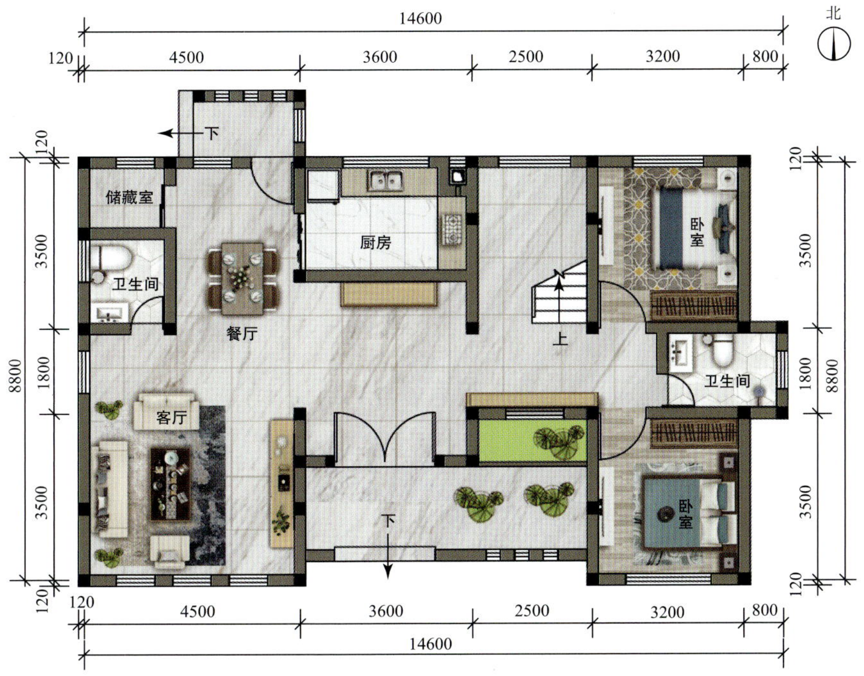

一层平面图（116.63m²）

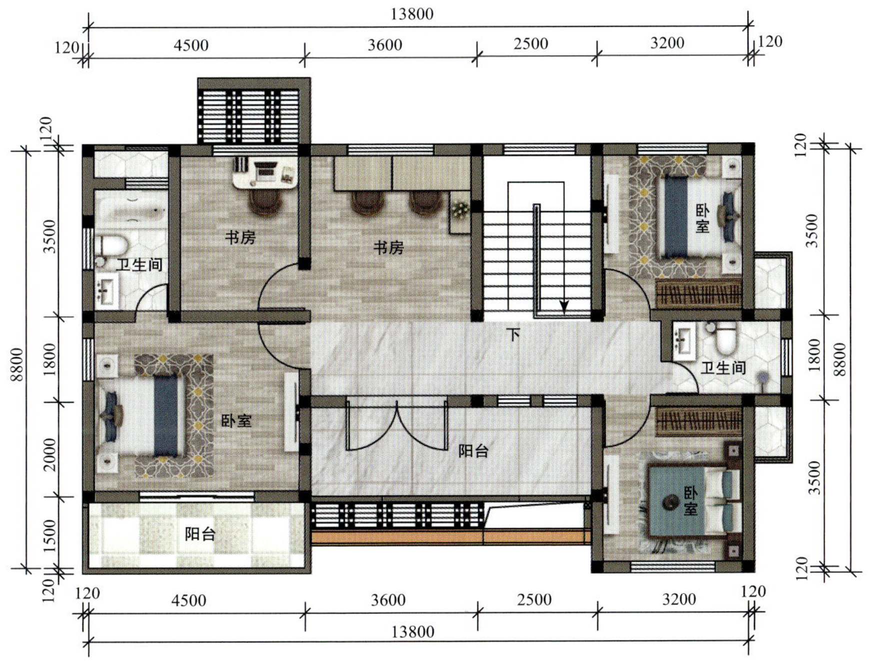

二层平面图（100.93m²）

方 案 8

东

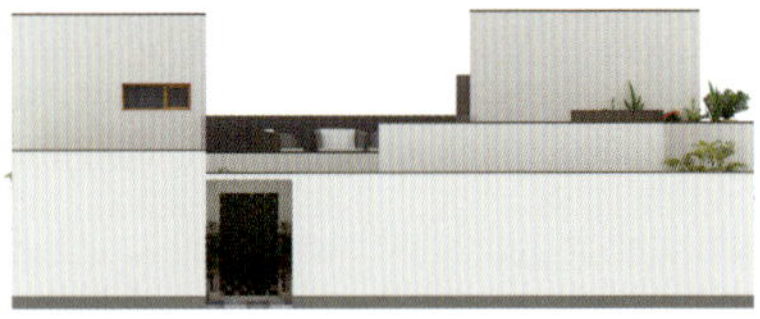
南

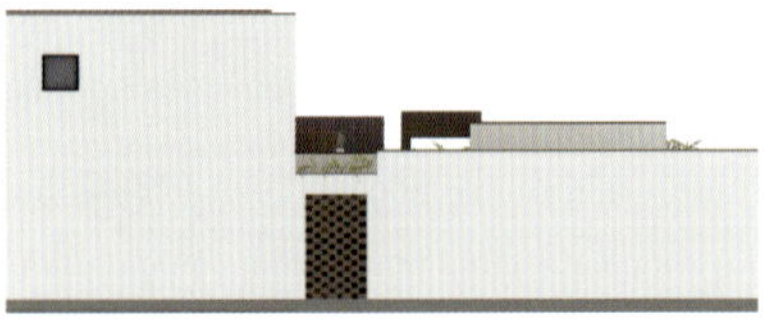
西

北

图纸属性

层　数	二层	**开　间**	16.00m
进　深	16.00m	**建筑面积**	226.15m^2

外观简介

此栋别墅外观虽然方正，但高低错落的形式，新颖别致；同时，建筑采用了很多现代元素，大面积的转角窗简洁明亮，二层还设有小型露台，可以在此放松、休闲。

布局简介

比起实用性，此栋别墅的设计理念更注重家人的居住感受。房间设置的密度不大，但不同人群使用的空间均保有独立性。同时加入大量的廊道和花池，有曲径通幽的天然园林之感。

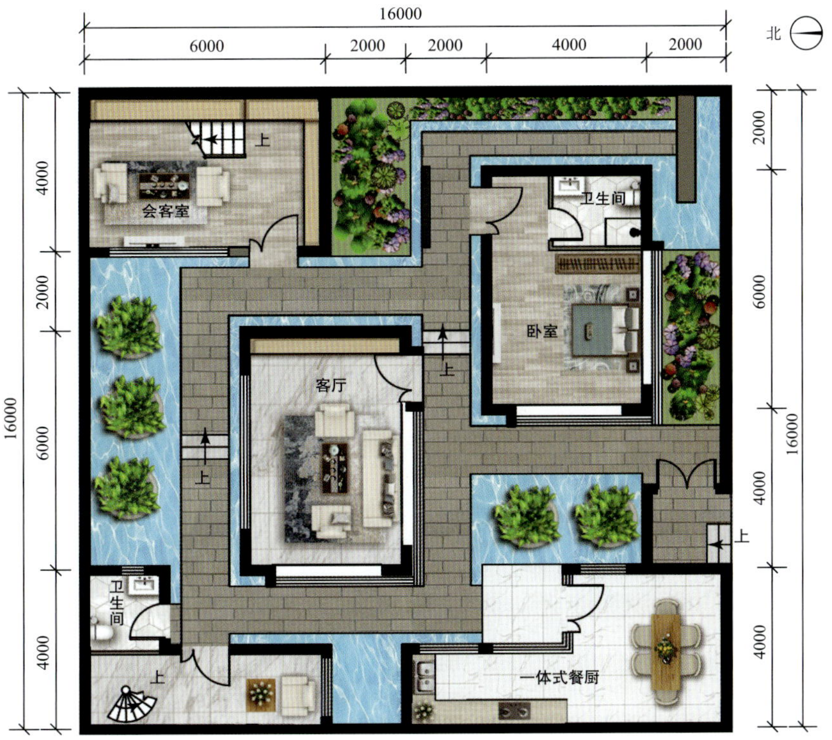

一层平面图（137.44m²）

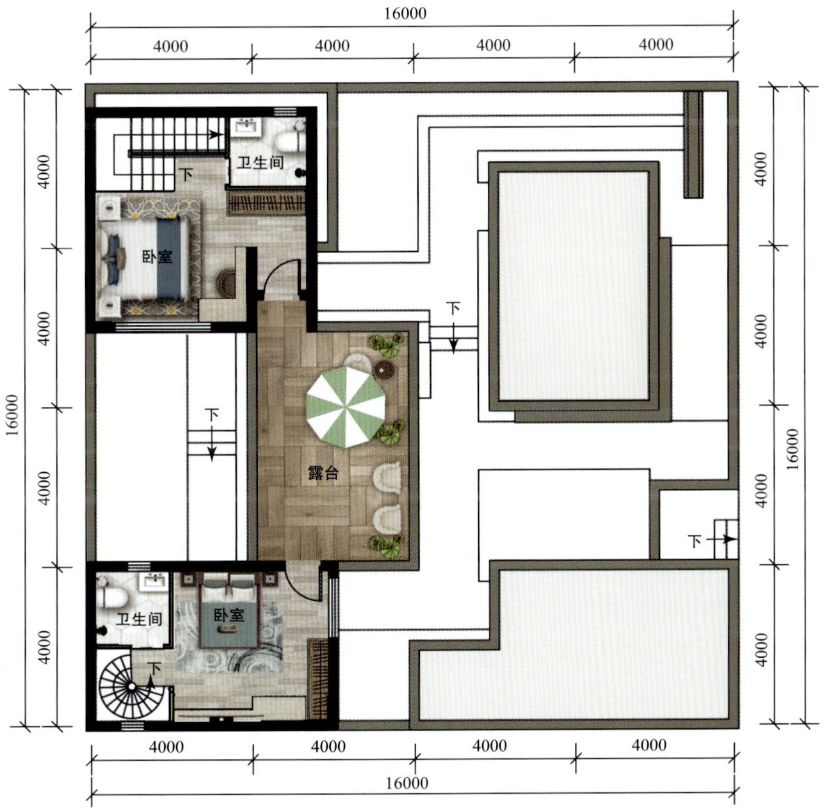

二层平面图（88.71m²）

方 案 9

图纸属性

层　数	二层	开　间	11.10m
进　深	10.50m	建筑面积	228.00m^2

外观简介

外立面以干净利落的线条勾勒出主体轮廓，视觉效果舒适；同时，加入了流行的大玻璃落地窗的设计，令美景与阳光两者兼得。

布局简介

一层空间满足主要的居住功能，同时设有适合父母使用的卧室；二层主要为年轻一代使用，同时设计了一间书房，空间功能分区明确。

东

南

西

北

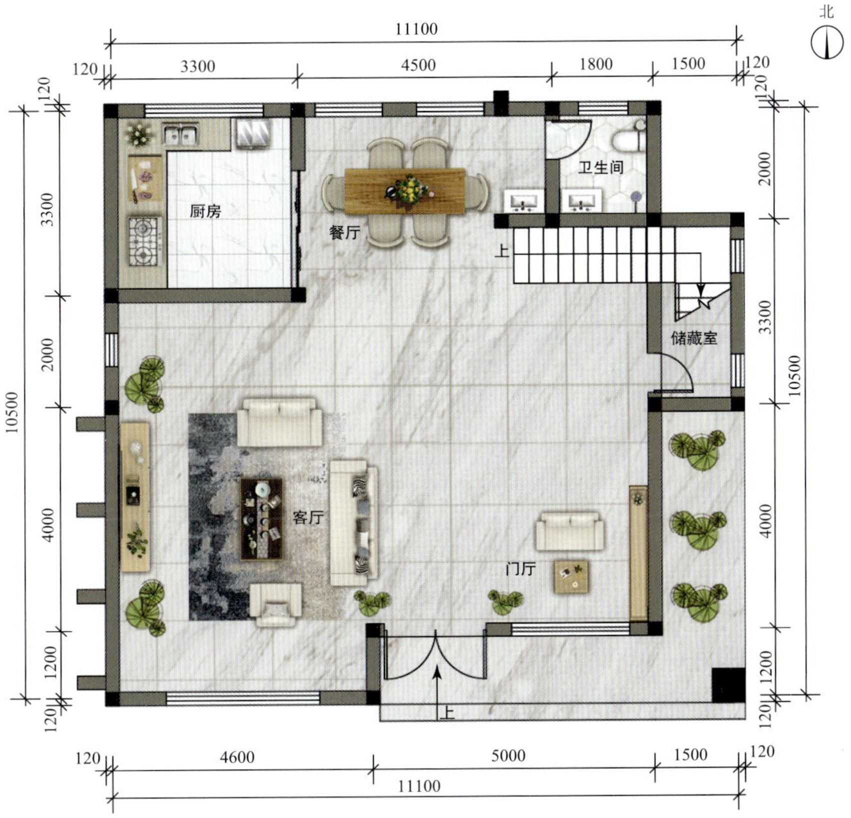

一层平面图（112.00m²）

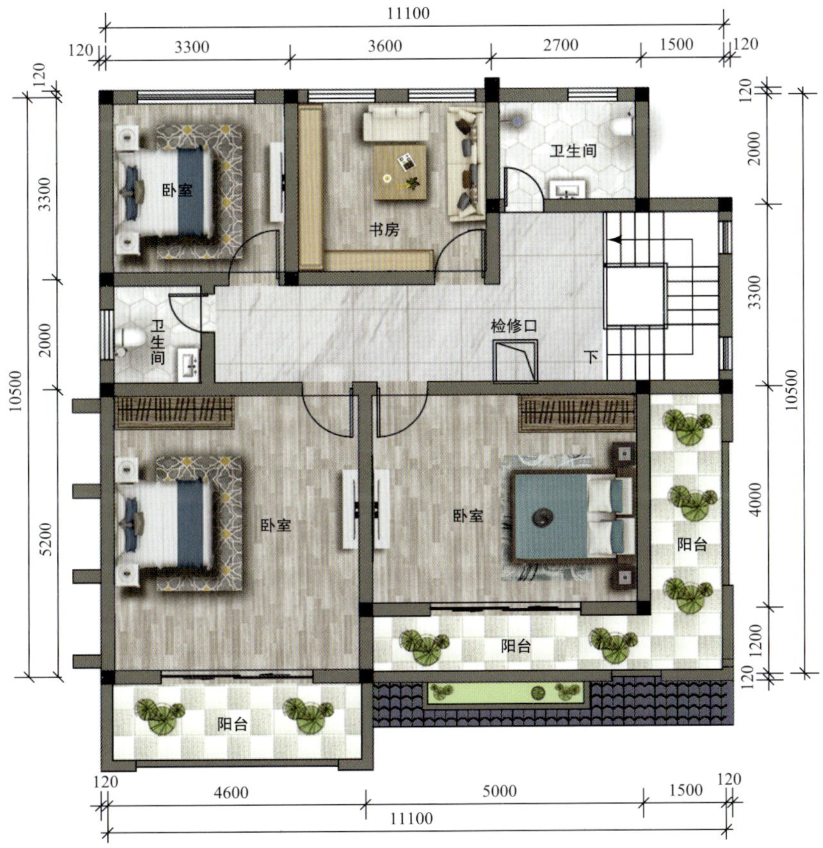

二层平面图（116.00m²）

方案 10

东

南

西

北

图纸属性

层　数	二层	开　间	12.00m
进　深	10.26m	建筑面积	235.88m^2

外观简介

超大面积的落地采光窗，不仅让别墅更加整洁美观，而且使室内的采光更加充分。

布局简介

一层的客厅与门厅相连，室内空间更加通透开阔；老人房配有独立卫生间，居家生活更加舒适便捷。二层多卧室的设计，既适合多人口的大家庭居住，又方便招待客人留宿。

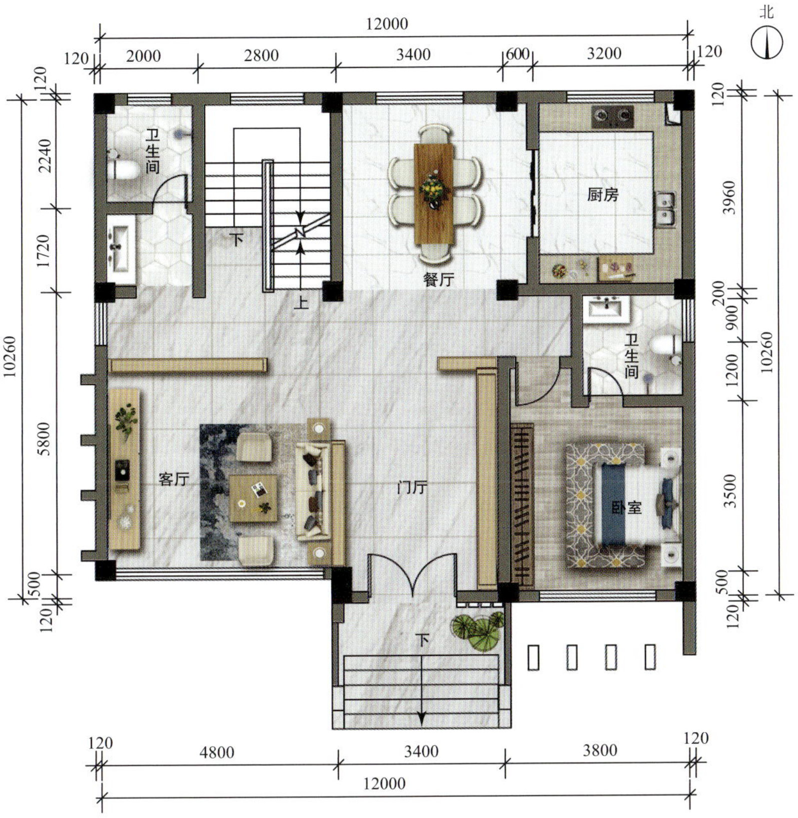

一层平面图（126.12m²）

二层平面图（109.76m²）

方 案 11

图纸属性

层　　数	二层	开　　间	12.00m
进　　深	9.50m	建筑面积	244.79m^2

东

南

西

北

外观简介

别墅整体颜色以米黄色为主，简约大方，搭配黑色窗框，充满时尚感。

布局简介

一层的厨房紧邻餐厅，方便居住者做好饭菜以最短的距离走到餐桌，行动路线合理。二层有面积较大的茶室，家人可以一边品茶一边交流。

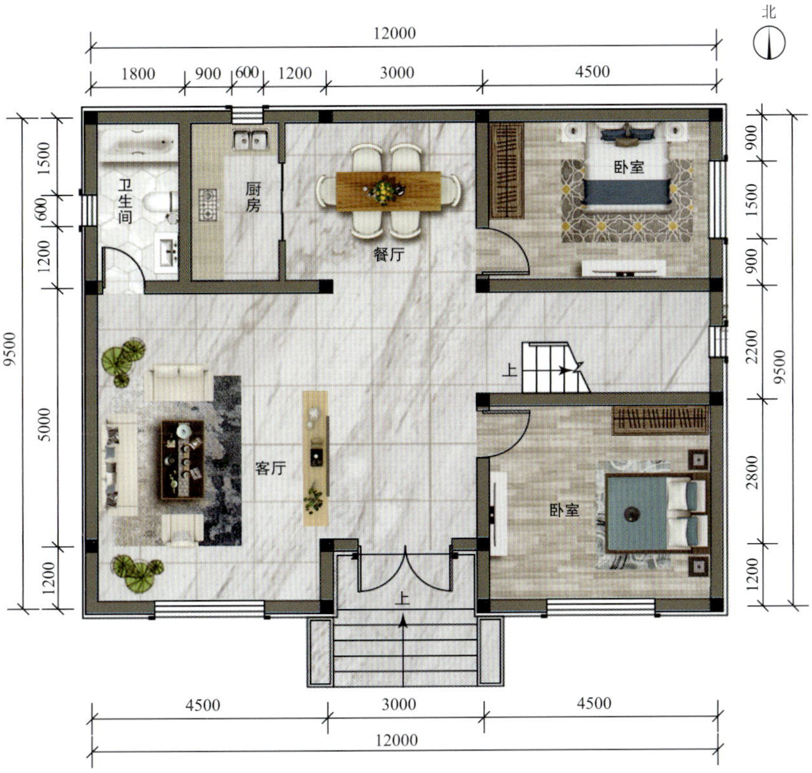

一层平面图（122.95m²）

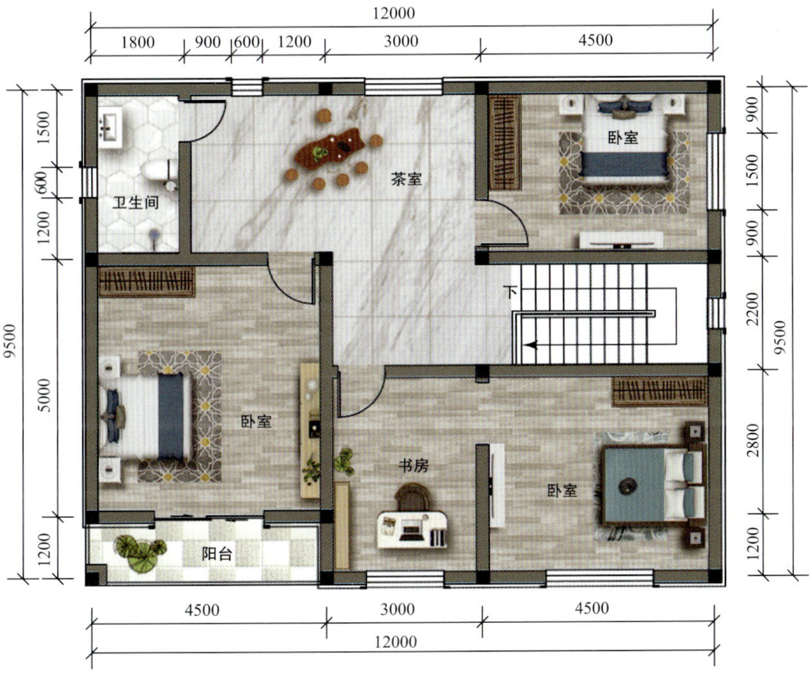

二层平面图（121.84m²）

方 案 12

图纸属性

层　数	二层	开　间	12.40m
进　深	10.20m	建筑面积	248.13m^2

外观简介

建筑正面采用米白色与棕褐色墙面外漆涂刷，侧面则加入了亮黄色的墙漆，加之顶面和建筑墙面点缀出现的红色，不同的色彩搭配形成一种颇具层次感的视觉碰撞。

布局简介

将具有娱乐功能的棋牌室设置在二层，与一层的主要功能空间做了有效区隔，生活和娱乐兼顾，又彼此留有空间。

东

南

西

北

一层平面图（130.86m²）

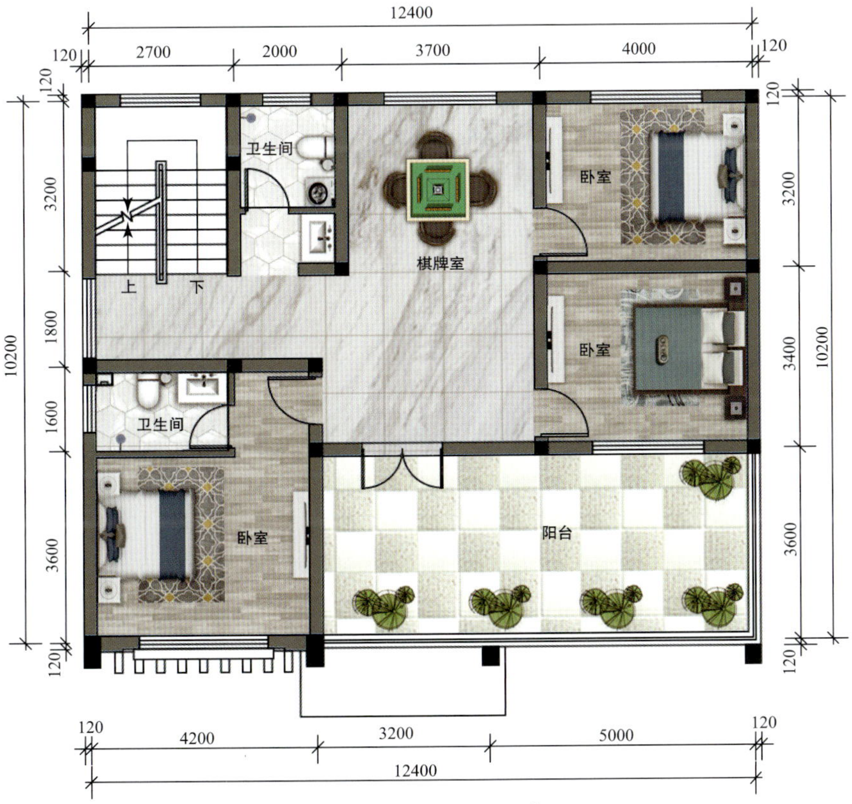

二层平面图（117.27m²）

方 案 13

图纸属性

层　数	二层	开　间	12.30m
进　深	13.26m	建筑面积	256.09m^2

外观简介

别墅外观简洁大方，施工难度较低。一层入户门处设置了雨搭，较为人性化。

布局简介

一层、二层的卧室总数较多，如有来访的亲朋好友也能住得下。客厅为挑空设计，使得空间之间的联系感更强。

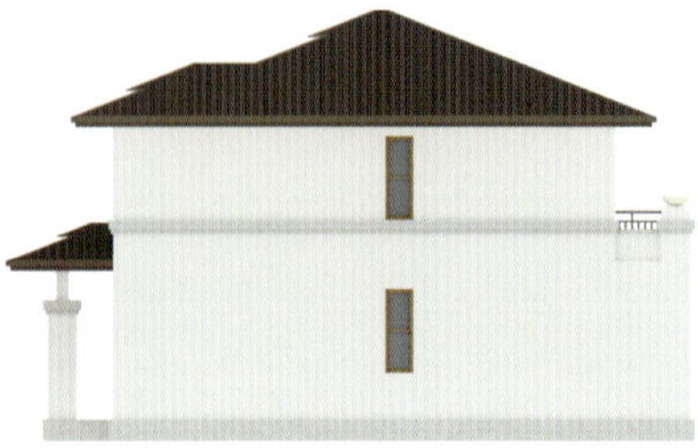

东

西

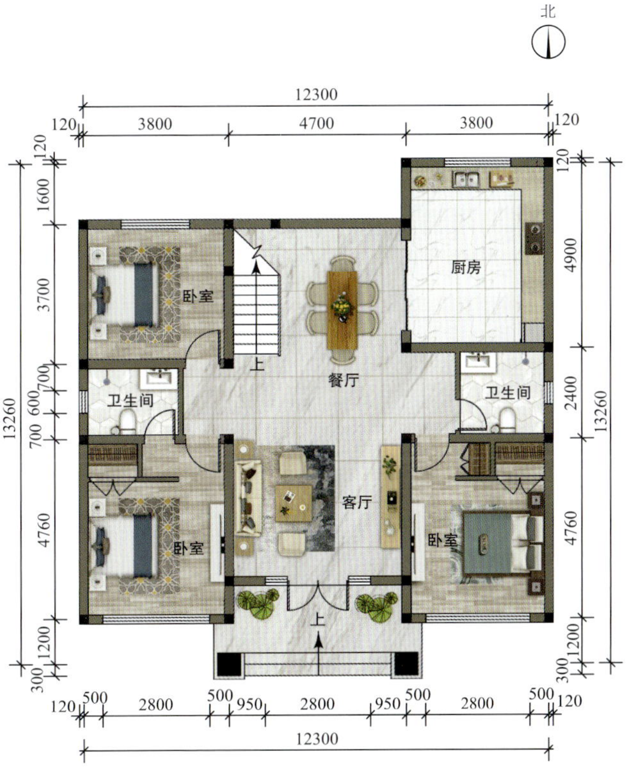

一层平面图（142.07m²）

南

北

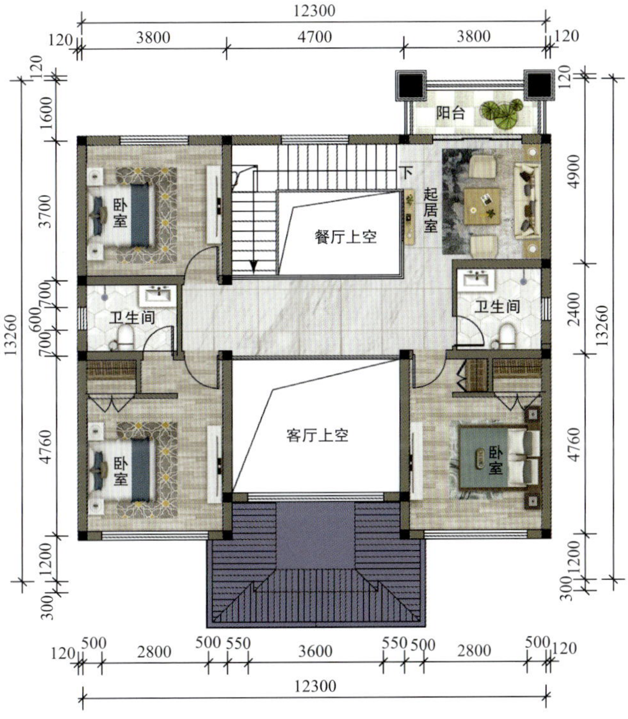

二层平面图（114.02m²）

方 案 14

图纸属性

层　数	二层	开　间	14.70m
进　深	13.20m	建筑面积	302.72m^2

外观简介

别墅外观装饰用材简单，仅用乳胶漆和仿砖涂料渲染装饰效果；顶面的蓝色为整栋建筑带来别样的视觉效果，加之黑色窗框的点缀，使得整栋别墅整体层次分明，外观效果出众。

布局简介

一层设有开放式车库，设计简洁，且能令车辆免受风吹日晒。入户平台的设计，令户内与户外有了过渡，保证了室内空间的私密性。

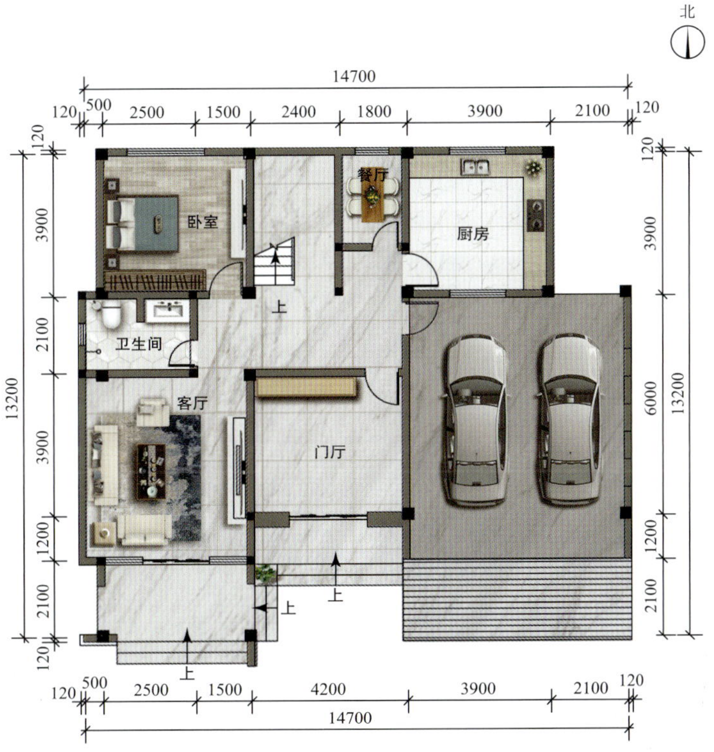

一层平面图（162.43m^2）

二层平面图（140.29m^2）

方 案 15

图纸属性

层　　数	二层	开　　间	13.80m
进　　深	10.70m	建筑面积	308.86m^2

外观简介

别墅占地面积不算太大，也没有华而不实的装饰，一切以实用为出发点，用干净清新的配色、经典利落的形态，打造出一套适合农村建造的乡间小墅。

布局简介

入户处设有门厅，避免开门见山；上下两层格局工整对齐，易于施工；主卧的弧形采光窗、二层的大露台，优化了居住感受。

东

南

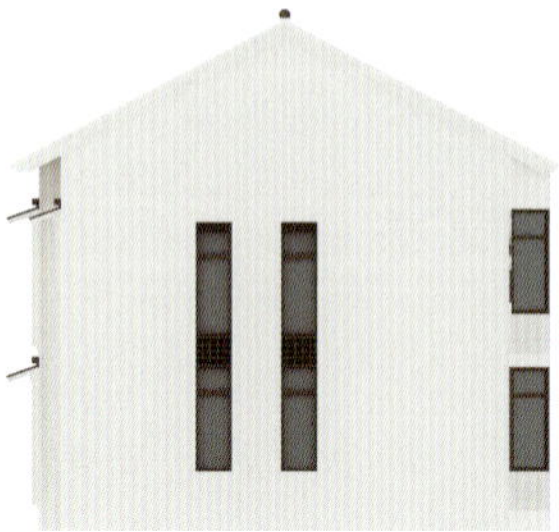

西

北

一层平面图（154.43m²）

二层平面图（154.43m²）

方 案 16

图纸属性

层　数	二层	开　间	20.10m
进　深	13.20m	建筑面积	315.67m^2

外观简介

建筑外立面运用白色外墙漆和木纹漆来涂刷，再加入文化砖的装点，整栋建筑具有了一种自然原始之美。大量的斜面屋顶，带来了丰富的层次感。

布局简介

本户型中除了必备的功能空间，还加入了诸多的娱乐、休闲空间。一层的茶室紧邻客厅，可以满足多人相聚；同时，厨房旁边还设有活动区，方便亲朋好友聚会时使用。

东

西

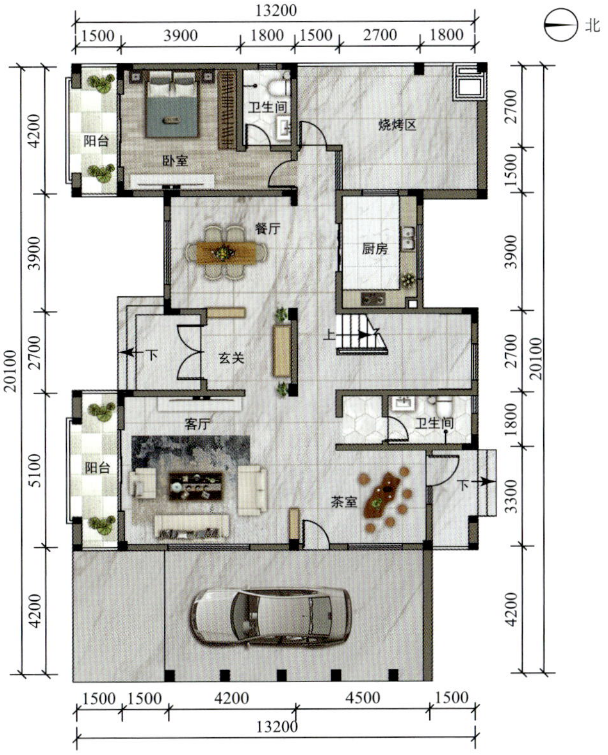

一层平面图（184.67m²）

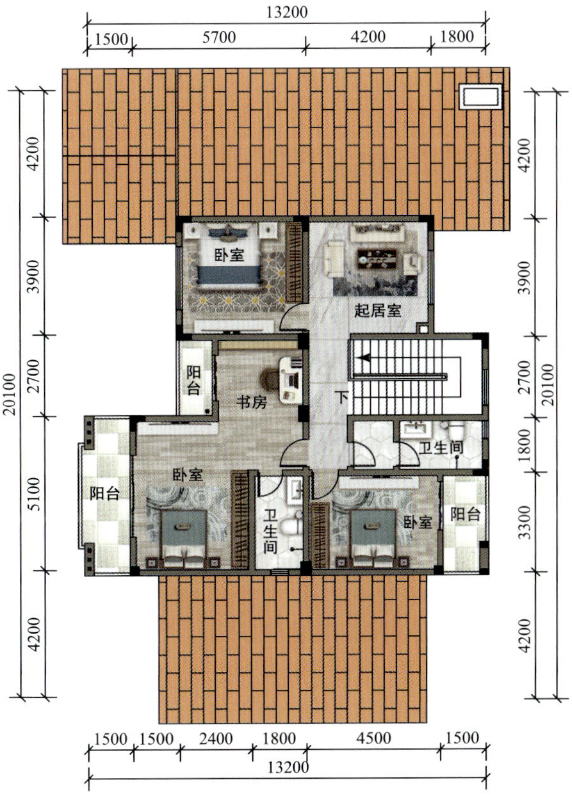

二层平面图（131.00m²）

南

北

方 案 17

图纸属性

层　数	二层	开　间	20.50m
进　深	14.10m	建筑面积	453.50m^2

东

南

外观简介

别墅的整体配色较沉稳，给人一种简洁、利落的视觉效果；大面积的开窗可以为居室带来良好的采光，居住起来十分舒适。

布局简介

家中的人口较多，因此设置了 6 间卧室，且每间卧室均有卫生间，方便使用；一层还设置了茶室，方便家人娱乐和沟通感情。

西

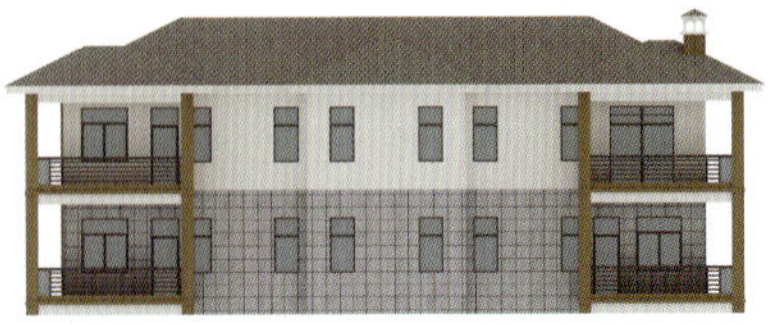
北

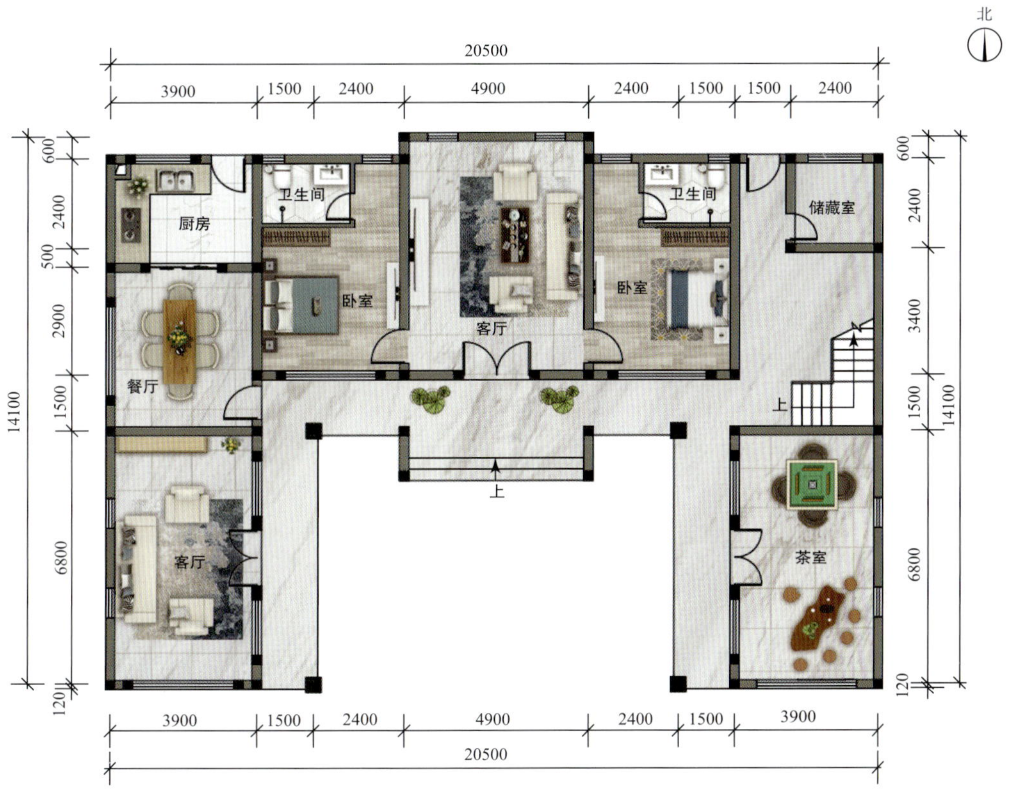

一层平面图（233.49m²）

二层平面图（220.01m²）

方 案 18

图纸属性

层 数	三层	开 间	12.00m
进 深	9.60m	建筑面积	316.83m^2

东

南

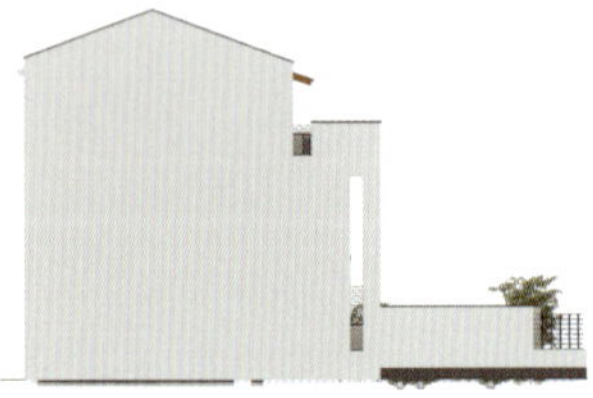
西

北

外观简介

别墅外观以黑、白、灰为主，又加入原木色作为辅助颜色，整体效果简洁又有自然气息。巨大的落地窗不仅美观且会使得室内采光效果更好。

布局简介

一层以公共空间为主，客厅、餐厅、厨房、卫生间等功能空间设置较为全面；二层、三层则以私密空间为主，卧室、书房集中在此，使居住者所处的环境更加安静。

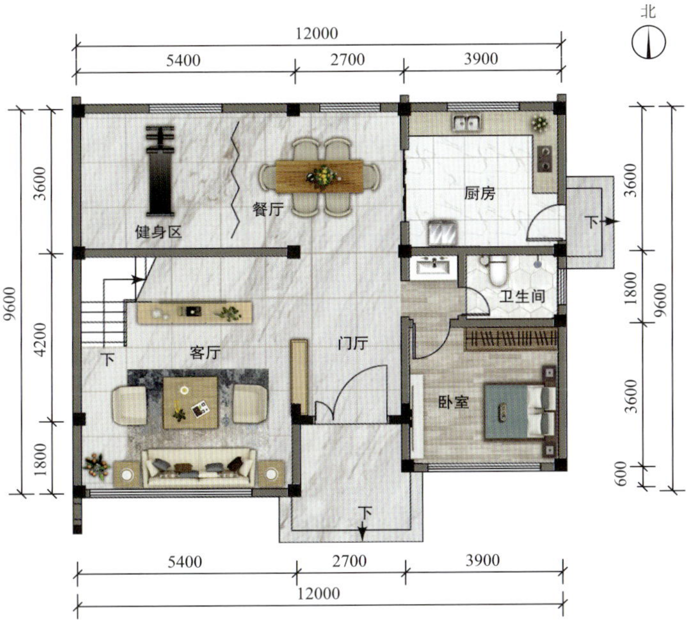

一层平面图（113.89m²）

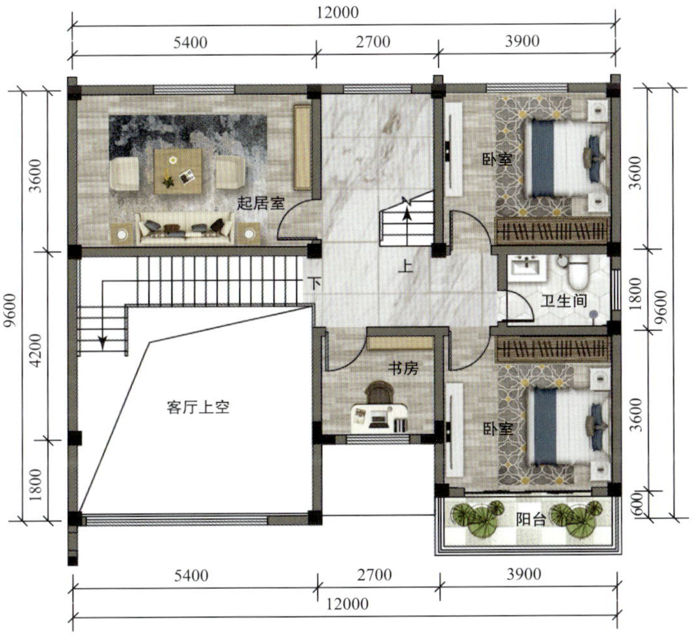

二层平面图（113.89m²）

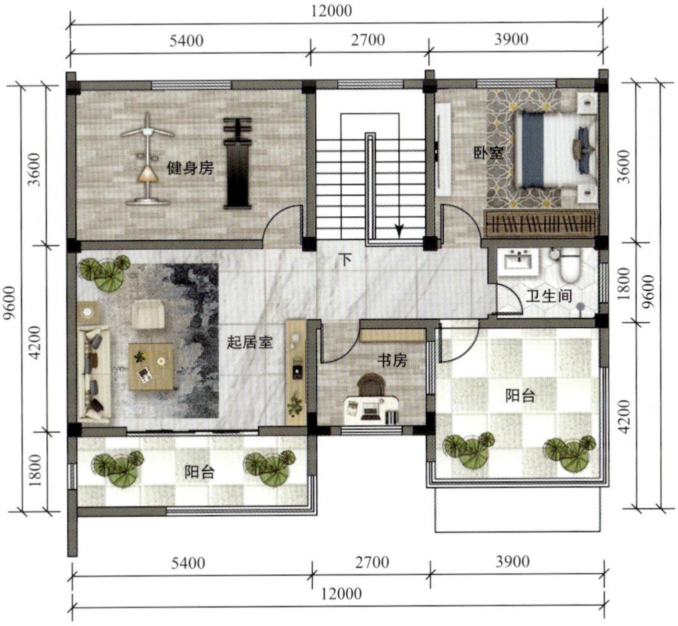

三层平面图（89.05m²）

方案 19

图纸属性

层　数	三层	开　间	14.20m
进　深	8.60m	建筑面积	318.00m^2

外观简介

别墅外观设计简约现代，除超大玻璃窗外，阳台、露台围栏也全部使用玻璃围挡，增加通透感。

布局简介

布局设计注重功能区域间的独立性，将功能区做出了很好的划分，可减少相互干扰。房间布局合理，南北通透，居住感受好。

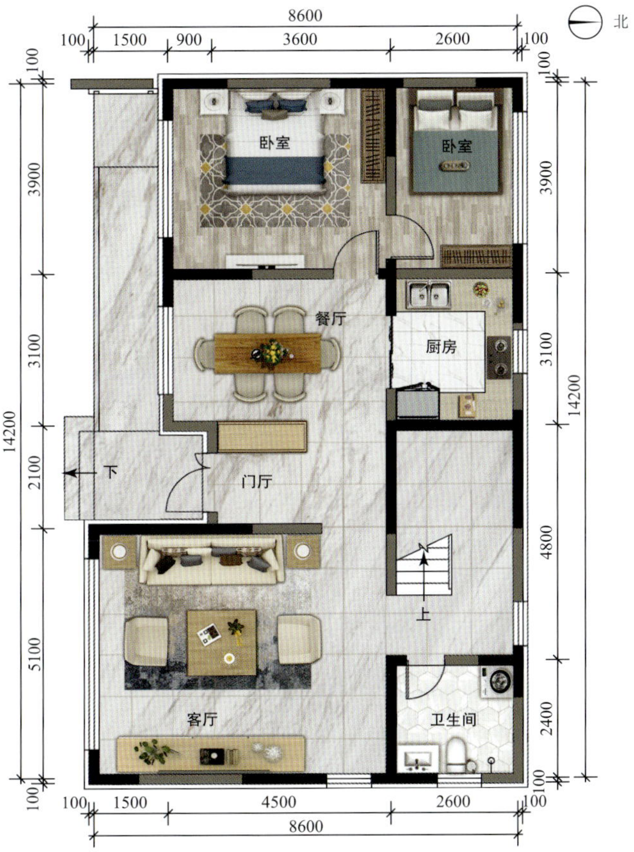

一层平面图（116.20m²）

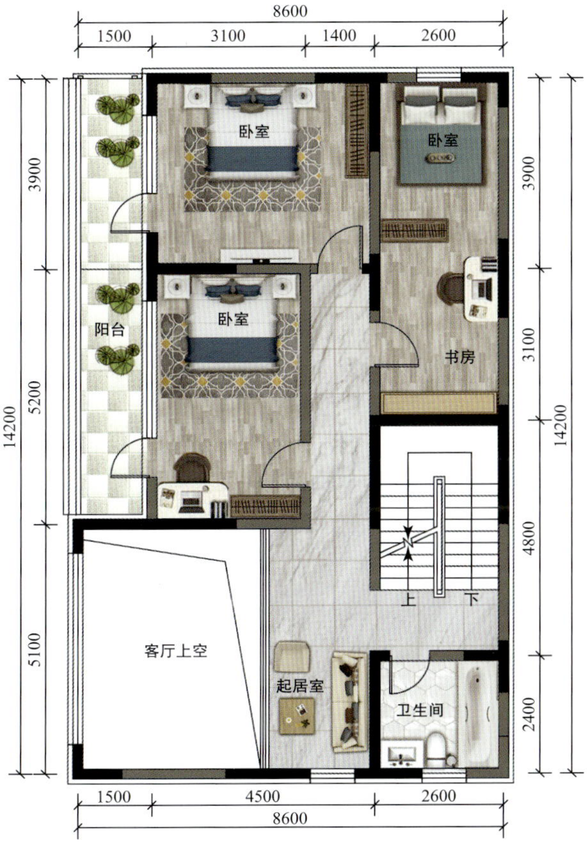

二层平面图（104.30m²）

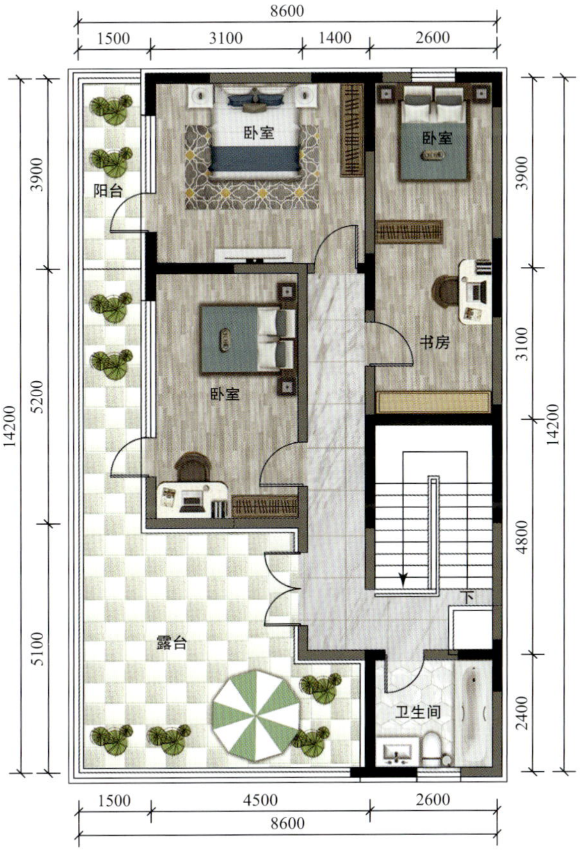

三层平面图（97.50m²）

方 案 20

图纸属性

层　数	三层	开　间	10.20m
进　深	11.40m	建筑面积	327.73m^2

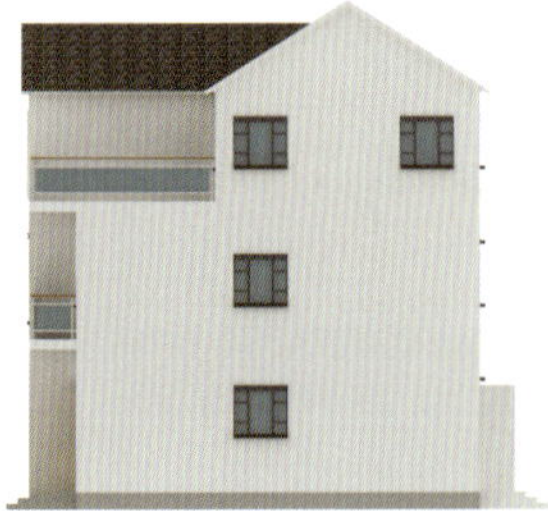

东

南

外观简介

别墅外观以白色为主，二层、三层的围栏使用了玻璃，给人以更加简约的视觉感受，现代感十足。

布局简介

一层设计注重空间的开敞和视野的通透，客厅、餐厅、楼梯间相连，将空间最大程度地放大，又巧妙地在餐厅与客厅之间加置屏风作为软隔断，划分出空间功能性。二层空间划分得规整方正，利用率高。三层设有娱乐区及露台，丰富业主一家的起居生活。

西

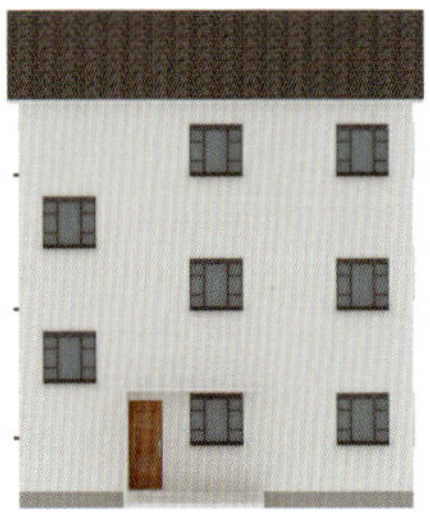

北

一层平面图（115.82m²）

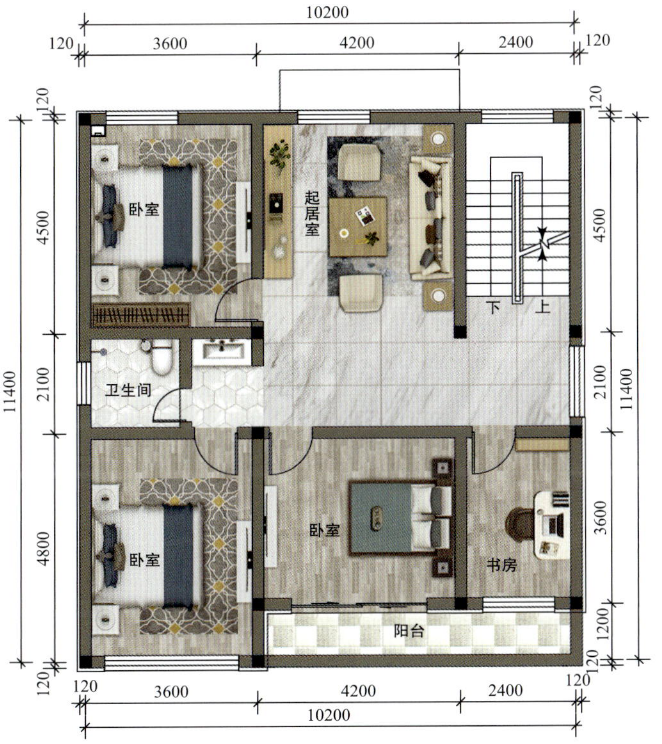

二层平面图（119.85m²）

三层平面图（92.06m²）

方案 21

图纸属性

层　　数	三层	开　　间	12.40m
进　　深	12.30m	建筑面积	$327.99m^2$

外观简介

此栋别墅的色彩简单、线条简约，但多层次的建筑形态让别墅不拘一格，极具特色。

布局简介

一层老人房朝南，门口设有公卫，方便老人使用。每层北侧均为带卫生间、小书房的套房，方便学习和起居，全面提升了居住品质。二层设有起居空间，空间区域划分明确。

东

南

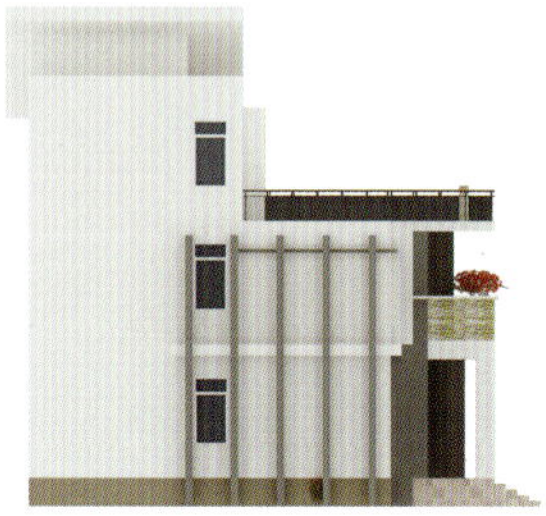

西

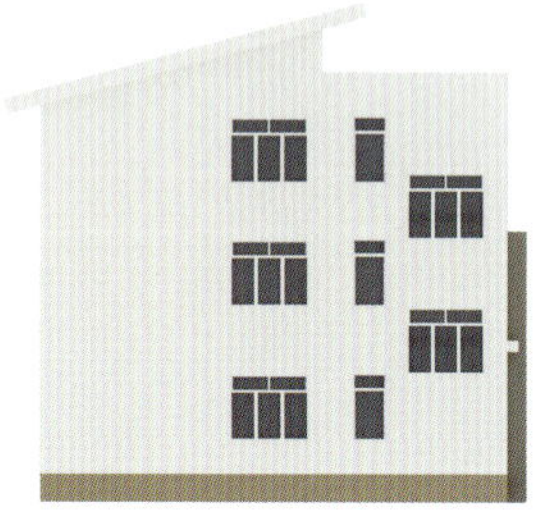

北

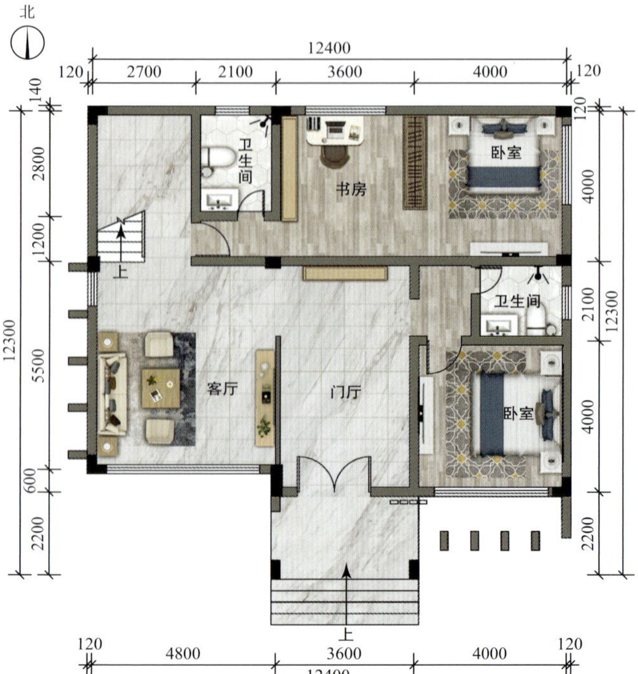

一层平面图（$132.04m^2$）

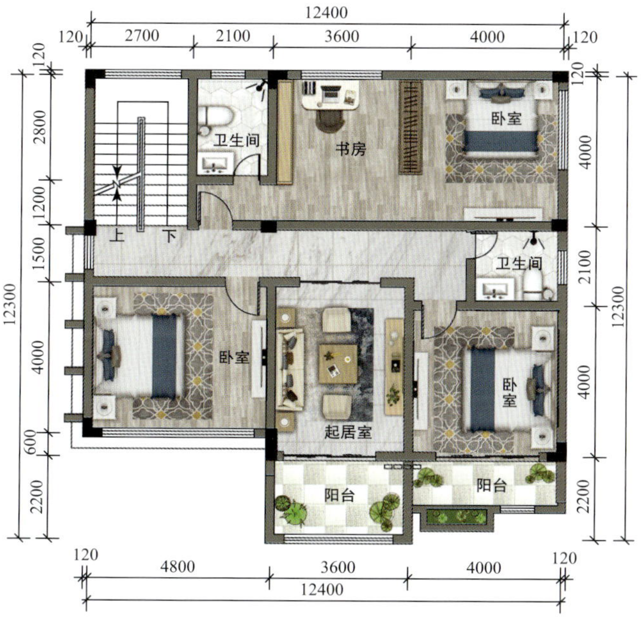

二层平面图（134.80m^2）

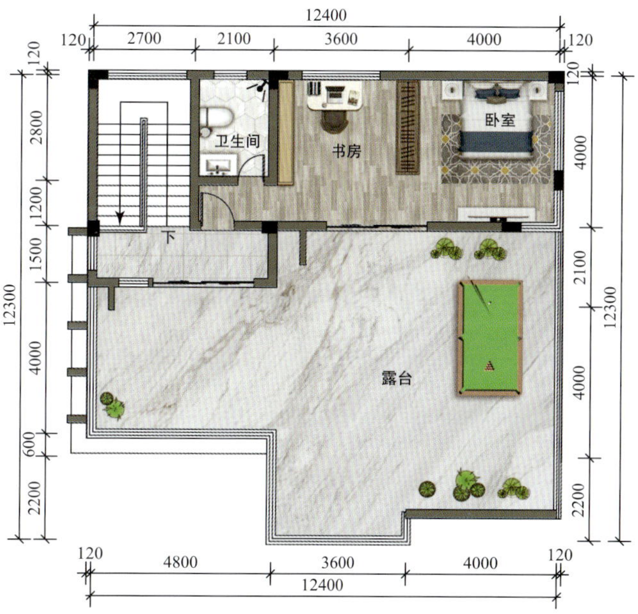

三层平面图（61.15m^2）

方 案 22

图纸属性

层　数	三层	开　间	11.10m
进　深	9.80m	建筑面积	339.00m^2

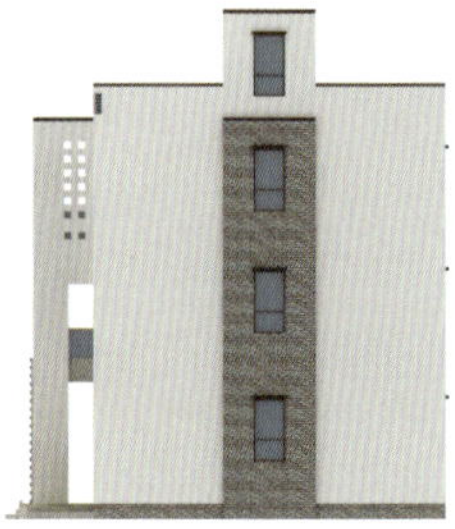

东

南

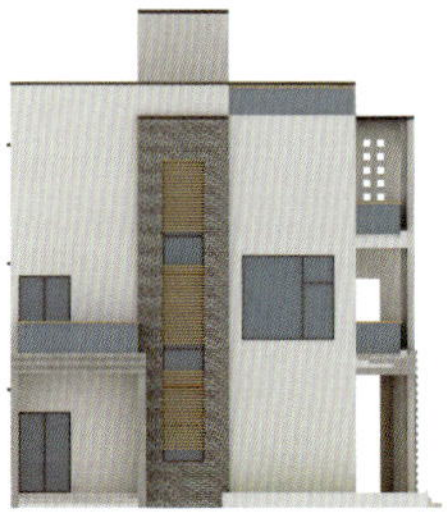

西

北

外观简介

别墅外观为现代简约风格，精简干练的现代线条，不冗长、不复杂，呈现出淡雅理性的现代美。

布局简介

宅地条件很好，南侧为道路，其他三面无限制；一层作为商业使用，大门开在南侧以获取更多的客流量。根据已确定的一层建筑结构，二层、三层合理地设计出起居空间，挑空起居室提升空间气质。

一层平面图（123.00m²）

二层平面图（121.00m²）

三层平面图（95.00m²）

方 案 23

图纸属性

层　数	三层	开　间	8.50m
进　深	16.50m	建筑面积	356.26m^2

外观简介

别墅坐北朝南，但面宽相对较小，因此在设计上更加注重采光的优化；特别在楼梯间屋顶做了天井，以补充采光。二层阳台全部采用透明的玻璃护栏，通透度好。

布局简介

整体布局设计注重空间的独立性，功能区域划分细致，尽量避免空间的连通。配套丰富，棋牌室、健身房、阳台和露台、储藏室、衣帽间等充分满足业主一家生活所需。

东

南

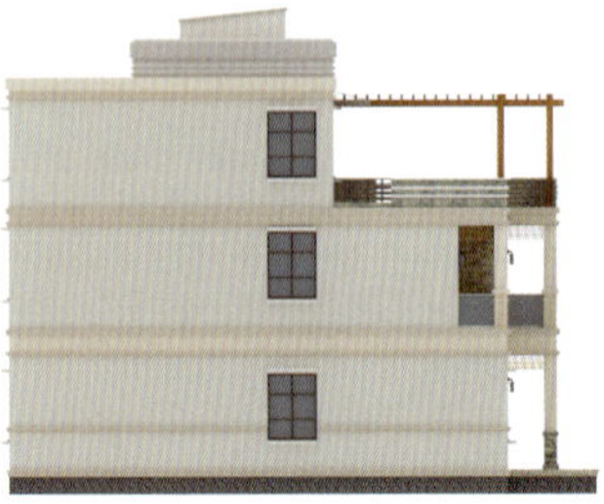

西

北

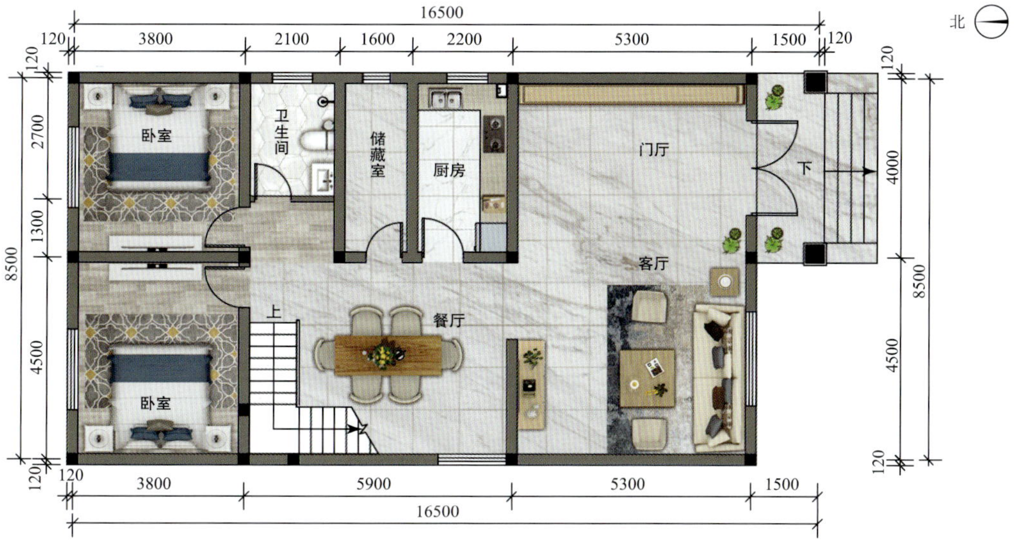

一层平面图（133.20m²）

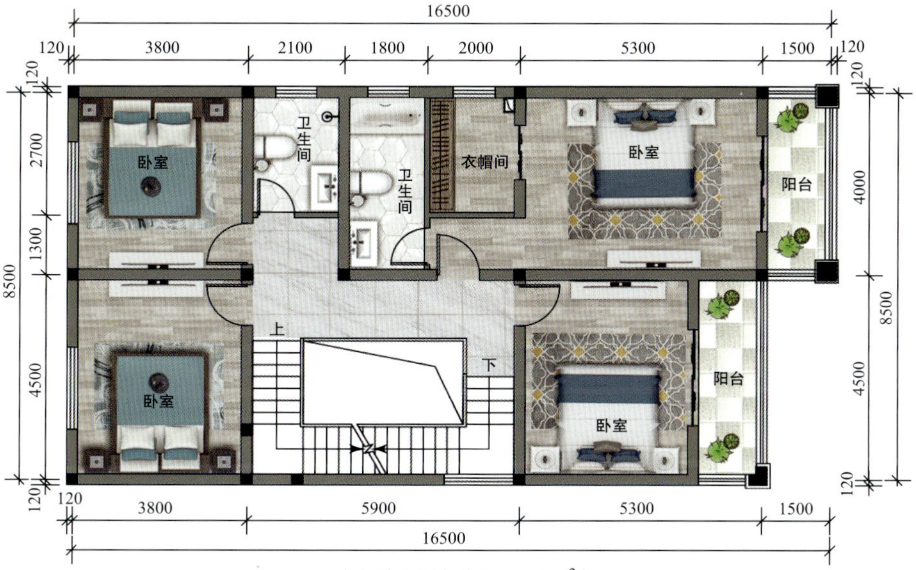

二层平面图（126.45m²）

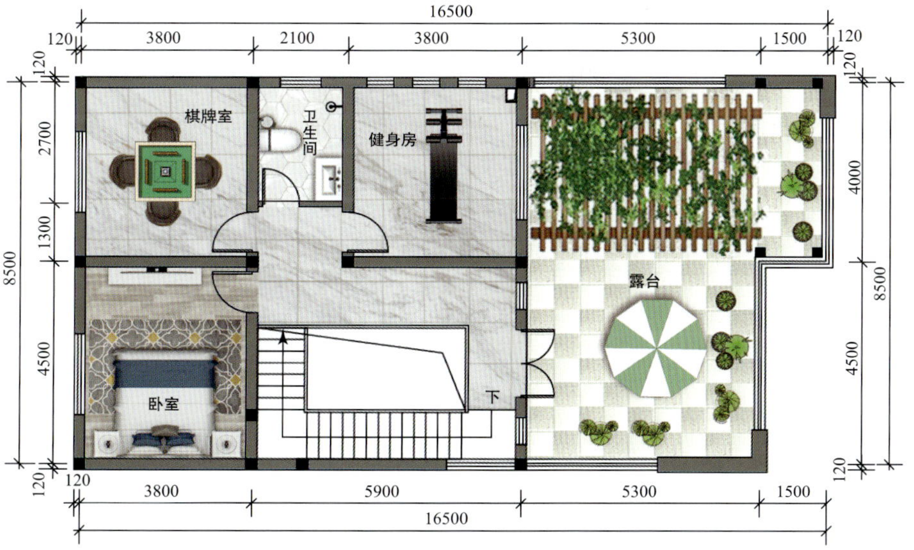

三层平面图（96.61m²）

方案 24

图纸属性

层　　数	三层	开　　间	16.90m
进　　深	16.40m	建筑面积	365.48m^2

外观简介

三层的别墅建筑，给人以挺拔之感。加之低调的用色，产生了理性之美。大型的转角落地窗设计，为整体建筑注入了现代气息，品质感十足。

布局简介

一层除了客厅，还加入了会客娱乐功能，令空间的使用功能更为丰富。二层和三层主要是卧室，可供不同的居住者使用。

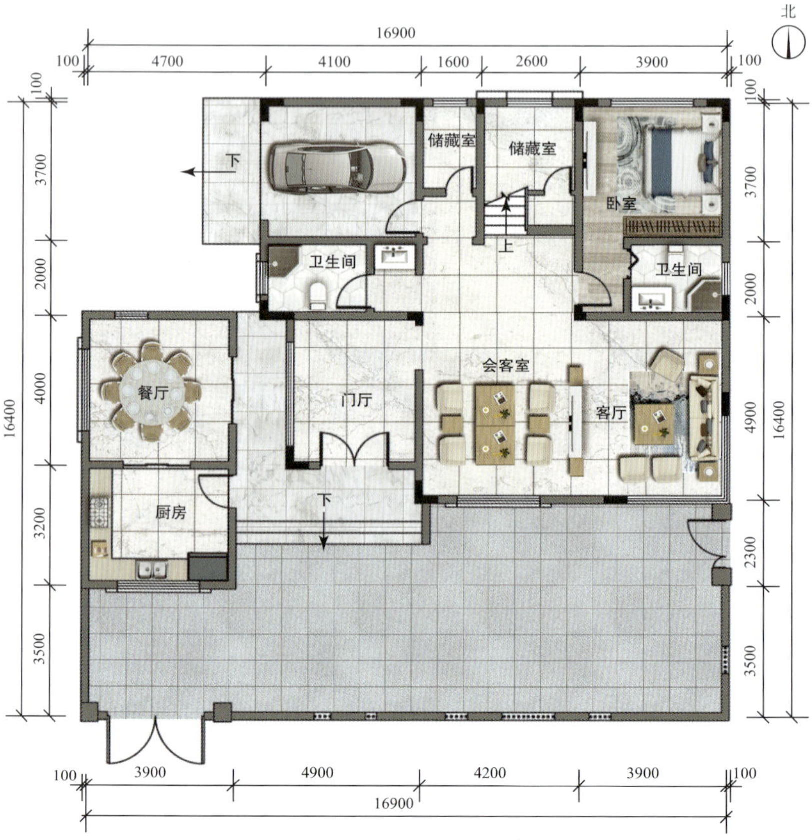

一层平面图（157.77m^2）

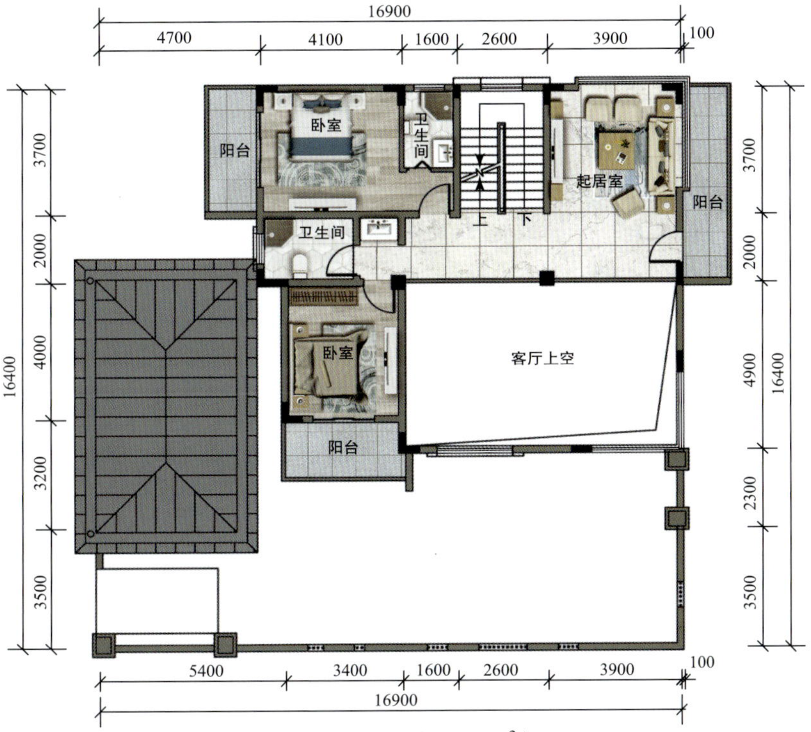

二层平面图（99.39m²）

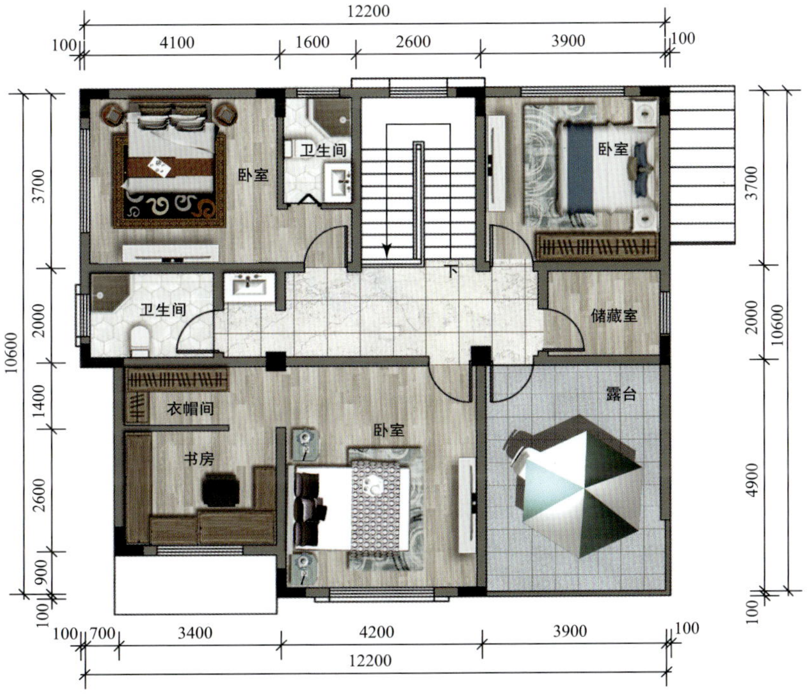

三层平面图（108.32m²）

方 案 25

图纸属性

层　　数	三层	开　　间	17.70m
进　　深	10.50m	建筑面积	416.55m^2

外观简介

建筑采用较多体块化的设计增强空间划分，使得整体效果更显美观。楼顶设有超大的平台，可以在此晾晒谷物，同时配备储物间，满足多样化的使用需求。

布局简介

一层和二层为居住者的生活和休息空间，功能配备充足。两层共 5 个卧室，满足一家人居住的需求，亲朋好友来时也有足够的睡眠空间。

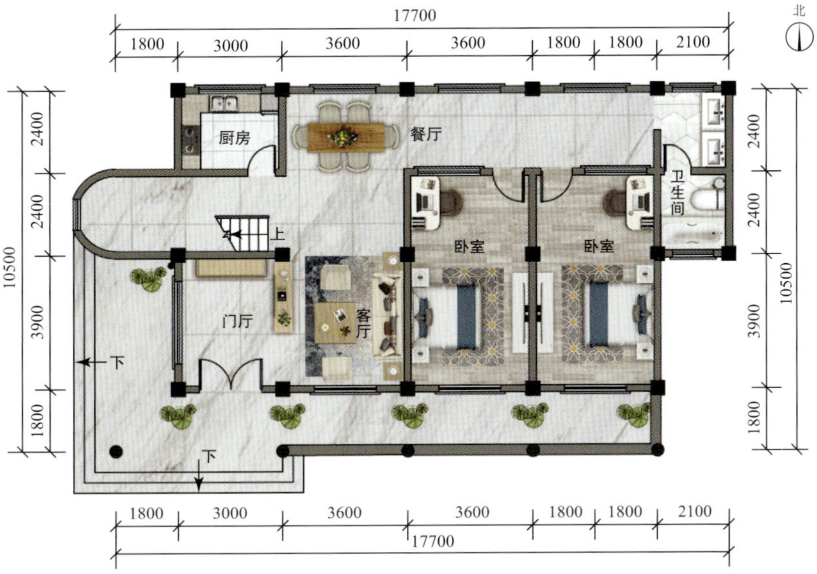

一层平面图（138.85m²）

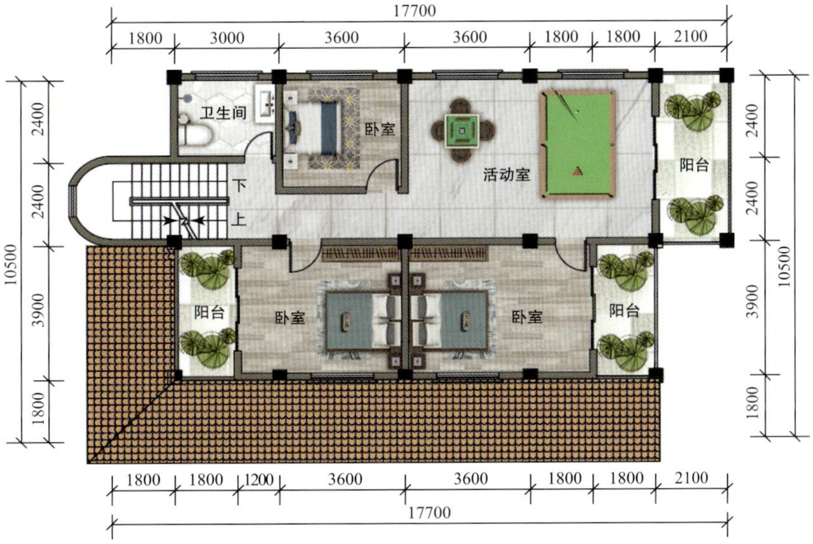

二层平面图（138.85m²）

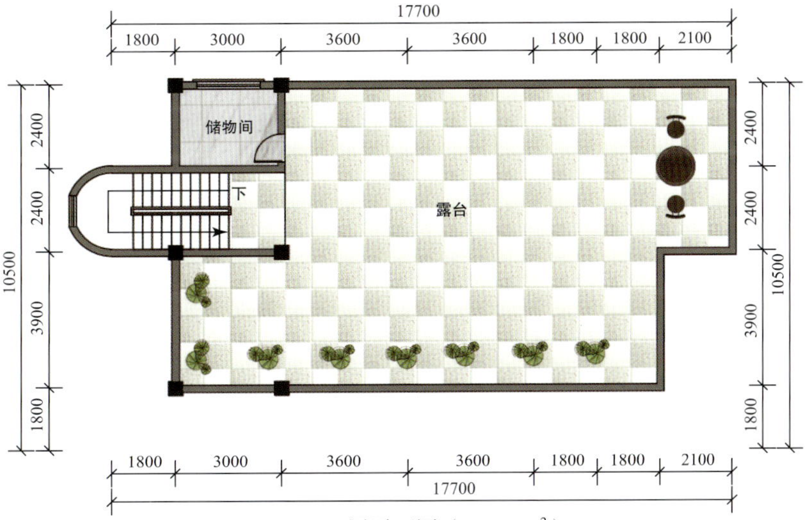

三层平面图（138.85m²）

方 案 26

图纸属性

层　数	三层	开　间	15.00m
进　深	17.35m	建筑面积	461.65m^2

外观简介

别墅整体为三层，外观设计充满现代感，造型简约美观。楼顶的天台可供居住者眺望远方。

布局简介

一层主要为客厅、餐厅，此外还增加了停车位，设计较为人性化。二层除了卧室，还有健身房，方便居住者的日常锻炼。三层的卧室、书房、衣帽间在同一空间内，视野更加开阔。

东

南

西

北

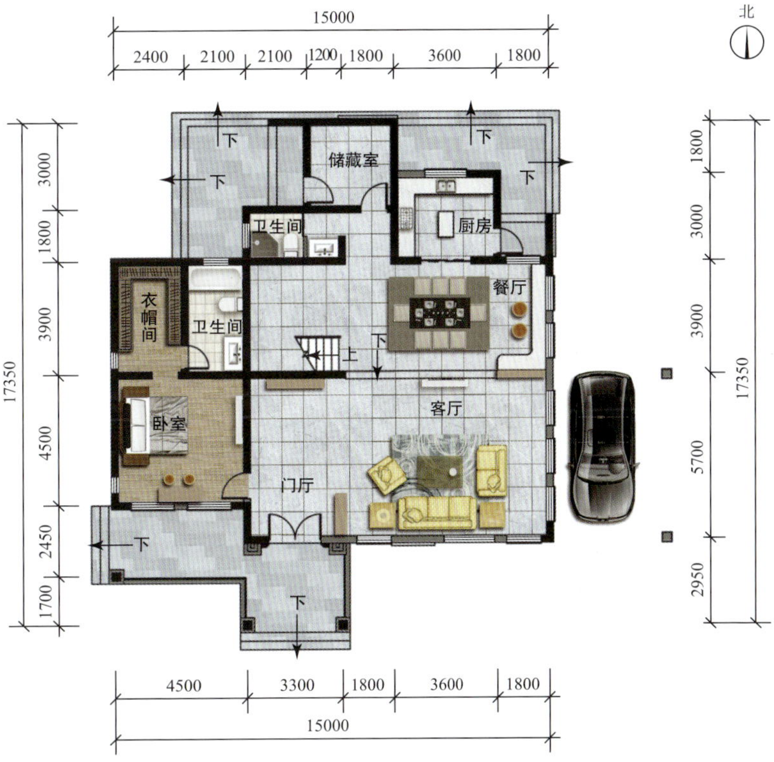

一层平面图（185.84m²）

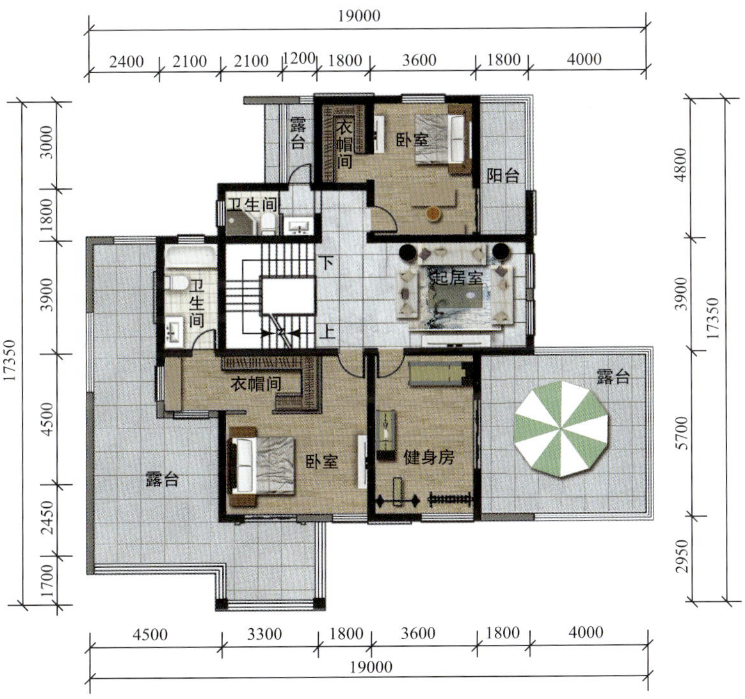

二层平面图（145.31m²）

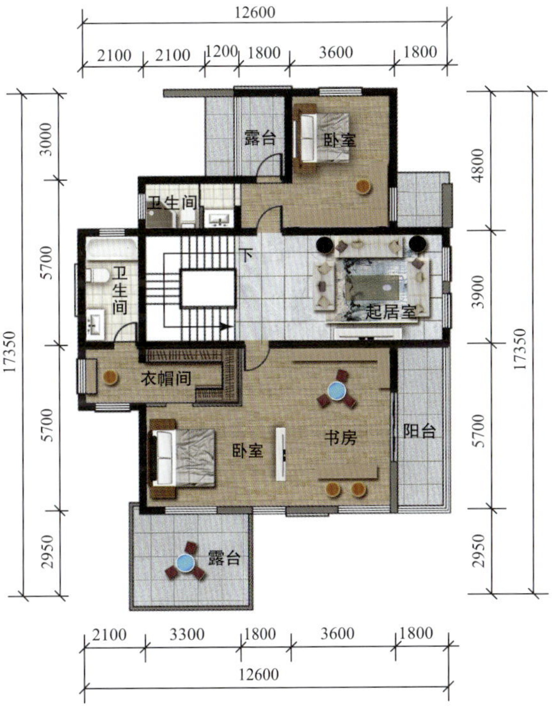

三层平面图（130.50m²）

方 案 27

图纸属性

层　数	三层	开　间	17.30m
进　深	13.50m	建筑面积	503.67m^2

外观简介

建筑中有大面积的玻璃窗，玻璃的运用让立面空间有所弱化，自然的营造出空白感，与实体墙面交织，降低整体过于冷硬的风格，让建筑轻盈自在，也保证了室内的通风和采光效果。

布局简介

一层空间多为开放式设计，显得空间开阔，挑空设计的客厅也使空间显得更加宽敞，视觉上更加舒适。三层专门设计了展览室，为居住者的兴趣爱好留有一席之地。

东

南

西

北

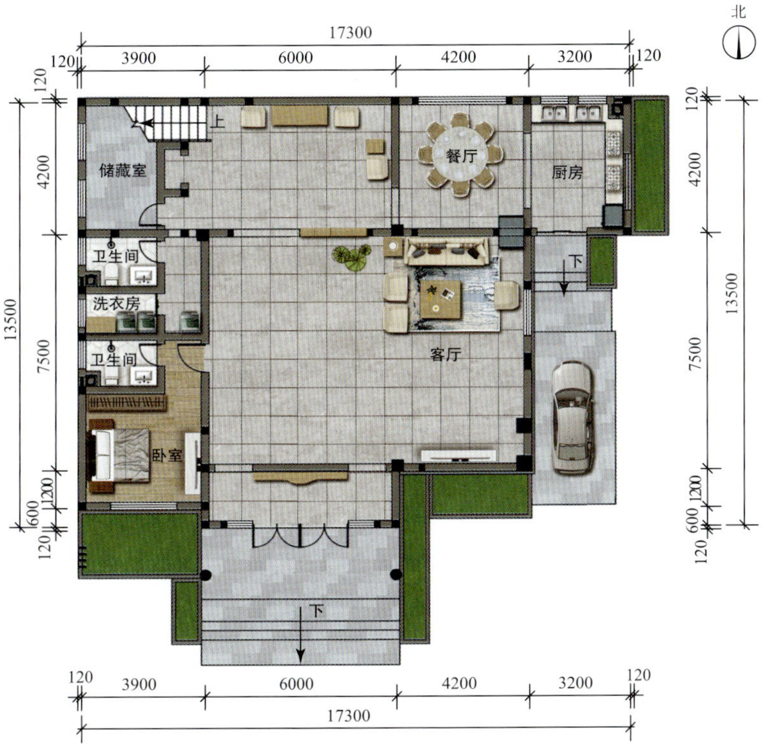

一层平面图（208.45m²）

二层平面图（163.87m²）

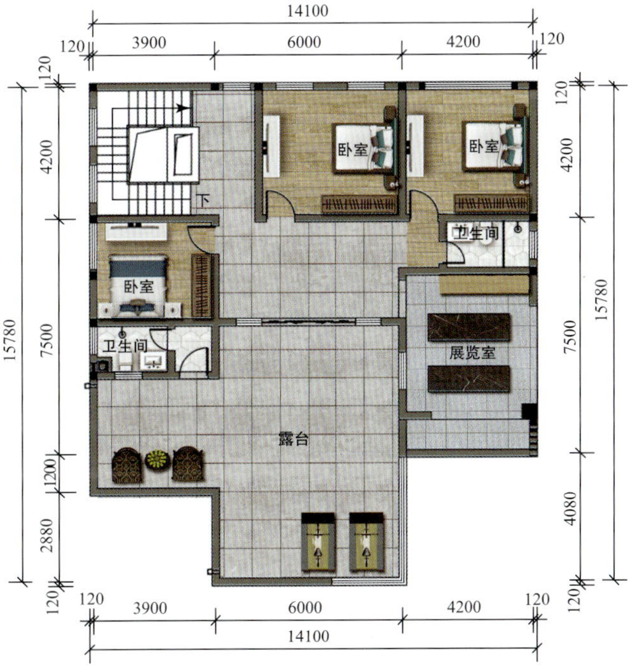

三层平面图（131.35m²）

方案 28

图纸属性

层　　数	三层	开　　间	24.30m
进　　深	24.52m	建筑面积	747.07m^2

外观简介

别墅外观以方正的线条为主，体现出现代风格的利落之感；主立面大量采用落地窗和玻璃围栏设计，搭配露台空间，突出整体造型的通透性和层次感。

布局简介

一层单独辟出一块露台空间，居住者在休闲时可以充分享受室外优美的景色；此外，一层将实用性与娱乐性相结合，空间功能齐全。二层和三层则主要为休憩空间。

东

南

西

北

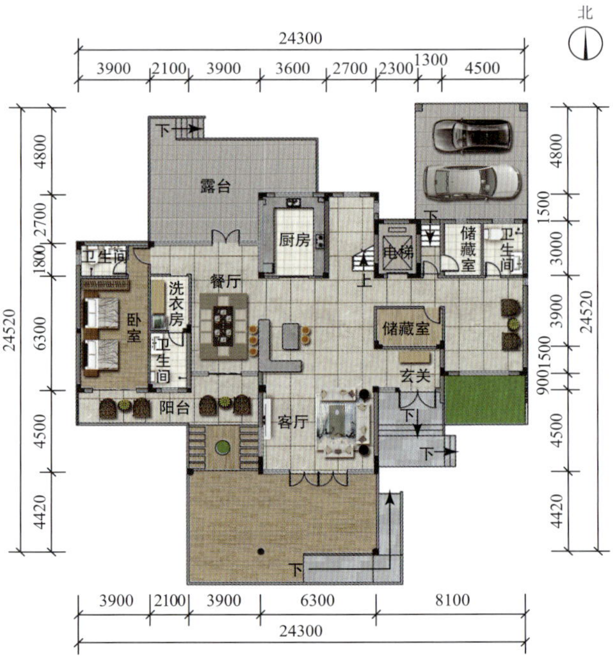

一层平面图（276.63m^2）

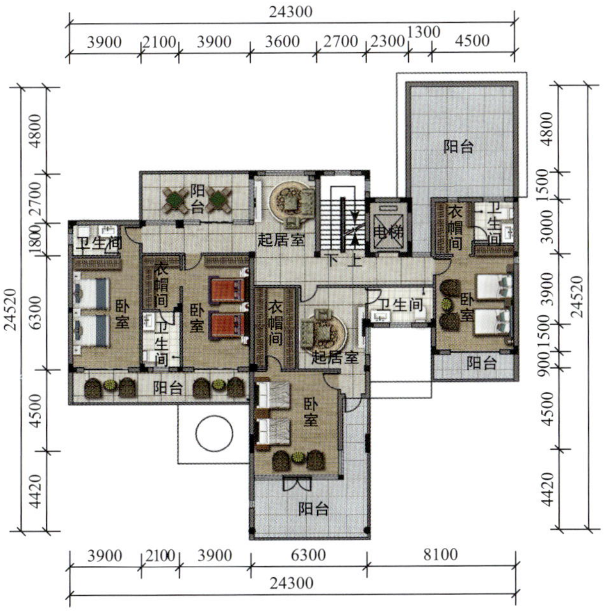

二层平面图（281.29m^2）

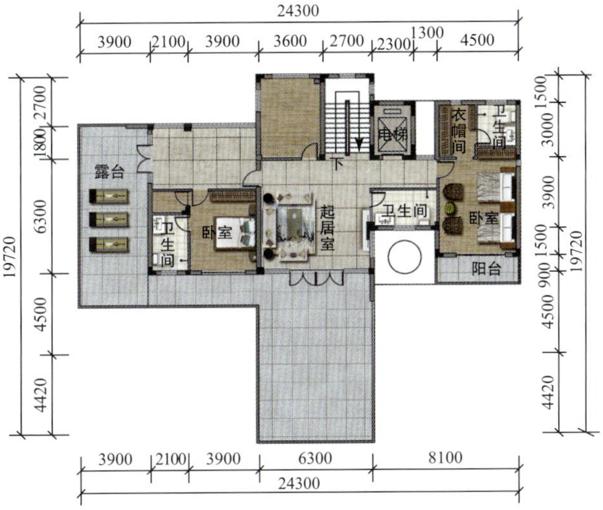

三层平面图（189.15m^2）

方 案 29

图纸属性

层　　数	四层	开　　间	8.30m
进　　深	13.00m	建筑面积	415.33m^2

外观简介

别墅外观仿若用 8 个正方形组成，但每个模块的设计形态均有所不同，结合墙面颜色、材质，以及造型，彰显出冷硬的工艺气息和灵动的现代感。

布局简介

户型的空间分区较为经典，一层为主要的功能区域；二到四层为休憩区域；不同的是，三层设置了家庭影院，大大增强了娱乐性。

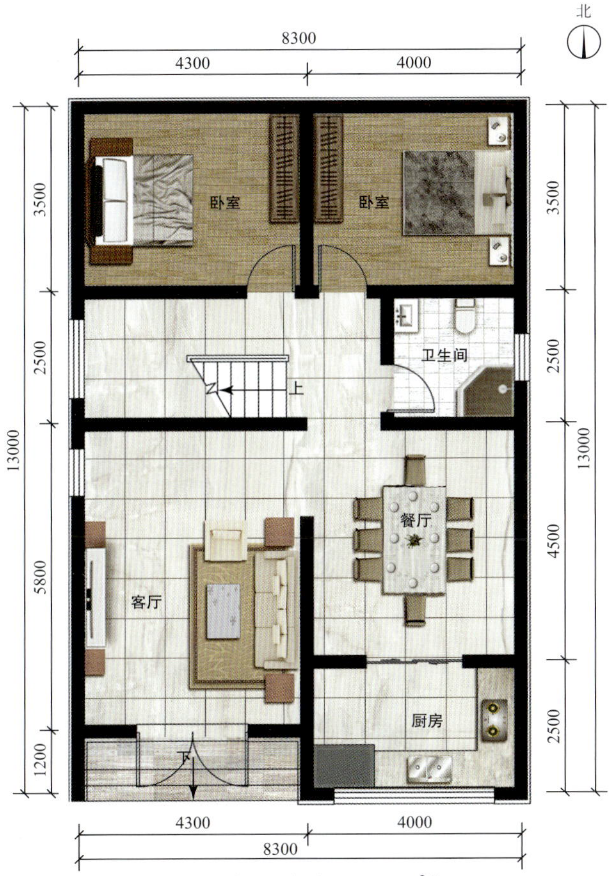

一层平面图（110.49m²）

二层平面图（118.96m²）

三层平面图（104.98m²）

四层平面图（80.90m²）

方 案 30

图纸属性

层　　数	四层	**开　　间**	12.50m
进　　深	13.92m	**建筑面积**	510.13m^2

外观简介

别墅以白色、灰蓝色以及浅棕色为主，既雅致又充满时尚感。方正、利落的建筑外观，看起来整洁、舒适。

布局简介

一层主要为活动空间，客厅、茶室面积较大，即使有多人参与娱乐活动也不会显得局促。二层、三层以卧室为主，且设置了起居室，主要供家人休闲使用。四层设有大面积露台，适合休闲放松。

东

南

西

北

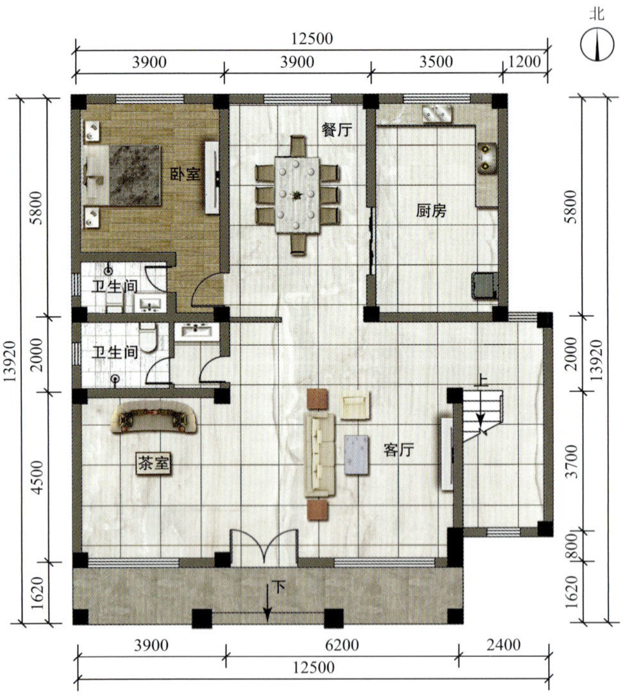

一层平面图（145.89m²）

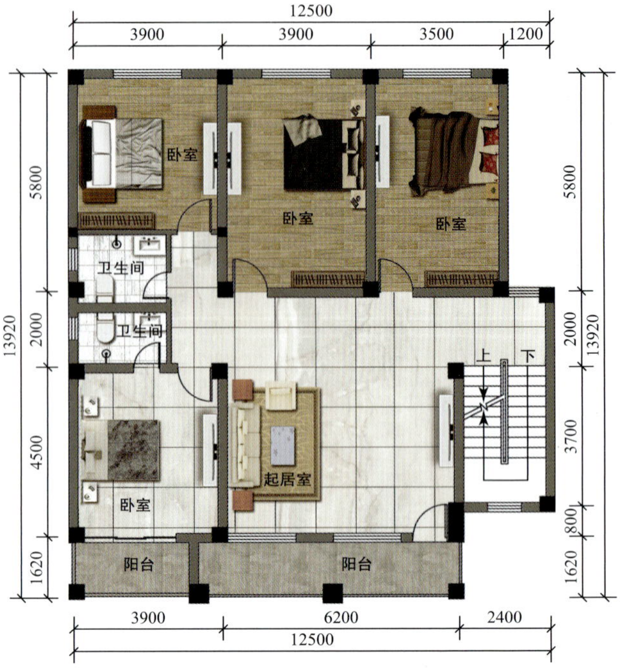

二层平面图（151.88m²）

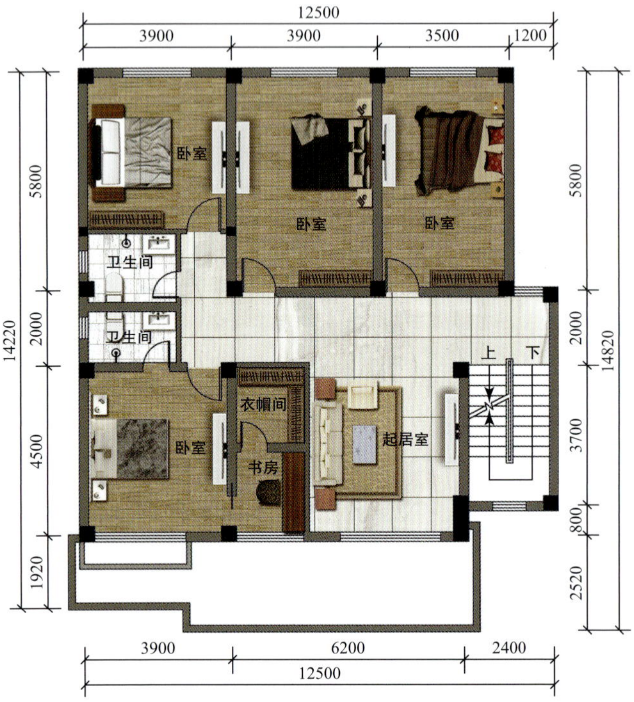

三层平面图（143.06m²）

四层平面图（69.30m²）